# 信创服务器操作系统的配置与管理
# （统信UOS版）

黄君羡　刘伟聪　黄道金　编　著

正月十六工作室　组　编

电子工业出版社

**Publishing House of Electronics Industry**

北京·BEIJING

# 内容简介

本书围绕信创方向系统管理员、网络工程师等岗位对 UOS 系统及网络服务管理核心技能的要求，引入统信认证工程师（UCA）和系统管理员职业岗位标准，以统信 UOS 服务器版操作系统为载体，引入企业应用需求，将 Linux 基础知识和服务架构融入各章工作任务中。

本书设计项目取材自真实企业网络建设工程项目，针对中小型网络建设与管理中涉及的技术技能，精选真实网络工程项目案例并加以提炼和虚拟。本书项目包括企业服务器操作系统选型、使用 Shell 管理本地文件、管理信息中心的用户与组、UOS 系统的基础配置、企业内部数据存储与共享、部署企业的 DHCP 服务、部署企业的 DNS 服务、部署企业的 Web 服务、部署企业的 FTP 服务、部署企业的 Squid 代理服务、部署企业的邮件服务、部署 UOS 服务器防火墙。

本书配套 PPT、微课、课程标准、课后习题答案等教学资源，适合作为 ICT 相关专业 Linux 相关课程的教材、统信 UCA 认证教材，同时可以为从事信创方向的网络技术人员、网络管理和维护人员、网络系统集成人员阅读和使用。

**图书在版编目（CIP）数据**

信创服务器操作系统的配置与管理：统信 UOS 版 / 黄君羡，刘伟聪，黄道金编著 . -- 北京：电子工业出版社，2022.4

ISBN 978-7-121-43359-7

Ⅰ . ①信… Ⅱ . ①黄… ②刘… ③黄… Ⅲ . ①操作系统－教材 Ⅳ . ① TP316

中国版本图书馆 CIP 数据核字（2022）第 073663 号

责任编辑：李　静　　　　　特约编辑：付　晶
印　　　刷：河北鑫兆源印刷有限公司
装　　　订：河北鑫兆源印刷有限公司
出版发行：电子工业出版社
　　　　　北京市海淀区万寿路 173 信箱　　邮编　100036
开　　本：787×1092　1/16　印张：15.25　字数：391 千字
版　　次：2022 年 4 月第 1 版
印　　次：2024 年 2 月第 5 次印刷
定　　价：49.80 元

凡所购买电子工业出版社图书有缺损问题，请向购买书店调换。若书店售缺，请与本社发行部联系，联系及邮购电话：（010）88254888，88258888。

质量投诉请发邮件至 zlts@phei.com.cn，盗版侵权举报请发邮件至 dbqq@phei.com.cn。

本书咨询联系方式：（010）88254604，lijing@phei.com.cn。

# ICT建设与运维岗位能力培养丛书编委会

（以下排名不分顺序）

主任：

罗　毅　广东交通职业技术学院

副主任：

白晓波　全国互联网应用产教联盟

武春岭　全国职业院校电子信息类专业校企联盟

黄君羡　中国通信学会职业教育工作委员会

王隆杰　深圳职业技术学院

委员：

朱　珍　广东工程职业技术学院

许建豪　南宁职业技术学院

邓启润　南宁职业技术学院

彭亚发　广东交通职业技术学院

梁广明　深圳职业技术学院

李爱国　陕西工业职业技术学院

李　焕　咸阳职业技术学院

詹可强　福建信息职业技术学院

肖　颖　无锡职业技术学院

安淑梅　锐捷网络股份有限公司

王艳凤　广东唯康教育科技股份有限公司

陈　靖　联想教育科技股份有限公司

秦　冰　统信软件技术有限公司

李　洋　深信服科技股份有限公司

黄祖海　中锐网络股份有限公司

张　鹏　北京神州数码云科信息技术有限公司

孙　迪　华为技术有限公司

刘　勋　荔峰科技（广州）科技有限公司

蔡宗山　职教桥数据科技有限公司

# 序

操作系统看不见、摸不着，却无处不在。它是计算机的灵魂，也是大国网络安全的基础，没有核心技术就没有发言权，就更谈不上自主发展，当前，网络安全已上升至国家安全范畴，只有拥有自己的操作系统，一个国家在信息安全领域才能掌握自己的话语权。

作为国产操作系统领军企业，统信软件技术有限公司以"打造操作系统创新生态"为发展宗旨，目前已经初步具备了较为完善的软硬件生态，并且在政企单位、关键行业及个人用户市场得到了广泛应用。百年大计，教育为之根本。为了满足信创产业发展的多层次操作系统人才需求，统信软件充分发挥自身产学研一体化优势，在信创人才生态建设方面，积极探索与行动，已编写了多本教材供学习者参考。

本书通过全面介绍统信UOS服务器版的安装、应用和维护内容，配合进阶式的企业场景化项目，让读者不仅能够轻松掌握操作系统相关知识技能，还能收获其应用场景中的项目具体实施业务流程，养成良好的职业习惯，更好地促进信创产业的发展。

欢迎广大读者使用统信UOS操作系统，并多提宝贵意见和建议，相信随着未来更多国产操作系统书籍的问世，必将为国产基础软件的高速发展奠定稳固的基础。

统信软件教育与考试中心执行院长

2022年4月

# 前 言
## PREFACE

统信软件是我国首家研发国产操作系统的公司，其开发的统信操作系统（简称统信UOS），作为国产操作系统的代表，近年来以绝对的优势占有国产操作系统大部分市场份额。近年来，我国加快推进信息创新建设工作，政府、教育、金融、交通等部门率先大范围引入国产操作系统，预计"十四五"期间，IT行业将大规模使用国产操作系统，以使我国基础软件自主可控、提高国内网络信息安全程度。掌握统信UOS服务器版的安装、配置和维护是统信UOS网络系统管理员的必备技能之一。

"正月十六工作室"集合IT厂商、IT服务商、资深教师组成教材开发团队，聚焦产业发展动态，持续跟进ICT岗位需求变化，基于工作过程系统化开发项目化课程和立体化教学资源，旨在打造全球最好的网络类岗位能力系列课程，让每个网络人都能迅速掌握职业技能，持续助力自身职业生涯发展。

本书采用学习者最容易理解的编写方式，通过场景化的项目案例将理论与技术应用紧密结合，让技术应用更具画面感，通过标准化业务实施流程帮助学习者熟悉工作过程，通过项目拓展进一步巩固学习者的业务能力，促进学习者形成规范的职业行为。全书通过12个精心设计的项目让学习者逐步掌握统信UOS服务器版的日常配置与管理，使学习者成为一名合格的IT系统管理工程师。

本书极具职业特征，有如下特色。

## 1. 课证融通、校企双元开发

**本书由高校教师和企业工程师联合编写。**书中关于统信UOS服务器版应用的相关技术及知识点导入了统信服务技术标准和统信UCP（统信认证高级工程师）认证考核标准；课程项目导入了统信UOS服务器版应用的典型项目案例和标准化业务实施流程；高校教师团队按应用型人才培养要求和教学标准，综合学习者的认知特点，对企业资源进行教学化改造，形成工作过程系统化教材，教材内容符合系统管理工程师岗位技能培养要求。

## 2.项目贯穿、课产融合

**进阶式场景化项目重构课程知识序列。** 本书围绕系统管理工程师岗位对统信UOS服务部署项目实施与管理核心技术技能的要求，基于工作过程系统化方法，按照操作系统的安装、应用和维护过程，基于从简单到复杂这一规律，设计了12个进阶式项目案例。将统信UOS服务器版的知识点碎片化，再以项目化方式重构，在每个项目中按需融入相关知识，与传统教材相比，学习者通过进阶式项目的学习，不仅可以掌握系统应用相关的知识和技能，还可以熟悉知识的应用场景和项目实施的业务流程、培养相关职业素养，最终达到系统管理工程师的岗位能力要求。统信UOS服务器版课程学习思维导图如图0-1所示。

**图0-1 统信UOS服务器版课程学习思维导图**

**以业务流程驱动学习过程。** 将课程项目按企业工程项目实施流程分解为若干工作任务，以学习目标、项目描述、项目分析、相关知识做铺垫，将项目实施按照任务规划、任务实施和任务验证的顺序进行讲解，符合工程项目实施的一般规律。学习者通过12个项目的渐进学习，逐步熟悉IT系统管理岗位中统信UOS服务器版配置与管理的应用场景，熟练掌握业务实施流程，形成良好的职业素养。

### 3.实训项目具有复合性和延续性

**考虑企业真实工作项目的复合性，工作室精心设计了课程实训项目。**课程实训项目不仅考核与本项目相关的知识、技能和业务流程，还涉及前序知识与技能，强化了各阶段知识点、技能点之间的关联，帮助学生熟悉知识与技能在实际场景中的应用。

本书参考学时为50 ~ 78学时，各项目的学时分配参考表0-1。

表0-1　学时分配表

| 内容模块 | 课程内容 | | 学时 |
|---|---|---|---|
| 服务器基础配置 | 项目1 | 企业服务器操作系统选型 | 2 ~ 4 |
| | 项目2 | 使用Shell管理本地文件 | 2 ~ 4 |
| | 项目3 | 管理信息中心的用户与组 | 2 ~ 4 |
| | 项目4 | UOS系统的基础配置 | 2 ~ 4 |
| 基础服务部署 | 项目5 | 企业内部数据存储与共享 | 4 ~ 6 |
| | 项目6 | 部署企业的DHCP服务 | 4 ~ 6 |
| | 项目7 | 部署企业的DNS服务 | 4 ~ 6 |
| | 项目8 | 部署企业的Web服务 | 4 ~ 6 |
| | 项目9 | 部署企业的FTP服务 | 4 ~ 6 |
| 高级服务部署 | 项目10 | 部署企业的Squid代理服务 | 6 ~ 8 |
| | 项目11 | 部署企业的邮件服务 | 6 ~ 8 |
| | 项目12 | 部署UOS服务器防火墙 | 6 ~ 8 |
| 课程考核 | 综合项目实训/课程考评（附加教学资源） | | 4 ~ 8 |
| 课时总计 | | | 50 ~ 78 |

本书由正月十六工作室组织编写，由黄君羡、刘伟聪和黄道金编著。教材参与单位和个人信息如表0-2所示。

表0-2　教材参与单位与个人信息表

| 单位名称 | 姓　名 |
|---|---|
| 正月十六工作室 | 王静萍、郑伟鹏 |
| 统信软件技术有限公司 | 秦 冰 |
| 福建中锐网络股份有限公司 | 曾绍基 |

续表

| 单位名称 | 姓 名 |
| --- | --- |
| 广州市宏方网络科技有限公司 | 祝 杰 |
| 荔峰科技(广州)有限公司 | 刘 勋 |
| 广东交通职业技术学院 | 黄君羡、刘伟聪、简碧园 |
| 广州市工贸技师学院 | 黄道金 |
| 许昌职业技术学院 | 赵 景 |

本书在编写过程中，参阅了大量的网络技术资料和相关书籍，特别引用了 IT 服务商提供的大量项目案例，在此，对这些资料的贡献者表示诚挚的感谢。

编 者

2022 年 1 月

# 目 录
## CONTENTS

## 项目 1　企业服务器操作系统选型

## 项目 2　使用 Shell 管理本地文件

# 项目 3 管理信息中心的用户与组

# 项目 4 UOS 系统的基础配置

# 项目 5　企业内部数据存储与共享

# 项目 6　部署企业的 DHCP 服务

# 项目 7　部署企业的 DNS 服务

# 项目 8　部署企业的 Web 服务

# 项目 9　部署企业的 FTP 服务

# 项目 10　部署企业的 Squid 代理服务

# 项目 11　部署企业的邮件服务

# 项目 12　部署 UOS 服务器防火墙

# 项目 1

## 企业服务器操作系统选型

扫一扫，
看微课

## 学习目标

（1）了解 UOS 系统及其企业应用场景。

（2）了解企业如何选择合适的操作系统。

（3）掌握如何安全地获得企业级 UOS 系统。

（4）了解企业常用的 UOS 系统的安装方式。

（5）掌握 UOS 系统的安装过程。

## 项目描述

随着 Jan16 公司业务的发展，服务器资源日趋紧张，所租赁的网络系统服务也即将到期。Jan16 公司为保障公司运营更加安全、稳定，拟在公司数据中心机房搭建自己的网络服务平台。为此，公司新购置了一批服务器，现在需要为这批服务器安装 UOS 系统。

公司让实习生小锐尽快了解 UOS 系统，并将 UOS 系统安装到新购置的服务器上。

## 项目分析

统信 UOS 是基于 Linux 内核，可以提供高效简捷的人机交互、美观易用的桌面应用、安全稳定的系统服务的真正可用且好用的自主操作系统。小锐需要在开源平台上下载 UOS 系统，并将其部署到服务器上。

## 相关知识

### 1.1 Linux 概述

Linux 是一款可免费使用并且可自由传播的类 UNIX 操作系统。受 UNIX 商业化的影响，理查德·马修·斯托曼（Richard Matthew Stallman）在 20 世纪 80 年代发起了自由软件运动（GNU 运动）。所谓"自由"是指自由使用、自由学习和修改、自由分发、自由创建衍生版。但 GNU 运动在囊括了大量软件的时候意识到自己遇到了大麻烦，GNU 系统内核项目迟迟不能令人满意。直到 1991 年，林纳斯·本纳第克特·托瓦兹（Linus Benedict Torvalds）带着他的 Linux 闪亮登场，才给 GNU 运动画上了一个完美的句号。于是，Linux 提供内核（Kernel），GNU 提供外围软件，就这样 GNU/Linux 诞生了。

Linux 发展至今，虽然有许多不同的版本，但是它们都使用了 Linux 内核。Linux 可安装在各种计算机硬件设备上，如手机、平板电脑、路由器、视频游戏控制台、台式计算机、大型机和超级计算机等。

严格来讲，Linux 是"Linux 内核 + 各种软件"的集合，Linux 这个词只表示 Linux 内核，但实际上人们已经习惯了用 Linux 来指代整个基于 Linux 内核，并且使用 GNU 工程各种工具和数据库的操作系统。

## 1.2 Linux内核

Linux 内核版本命名由以下 5 个部分构成，如图 1-1 所示。

（1）主版本号。

（2）次版本号。

（3）末版本号。

（4）打包版本号。

（5）厂商版本。

**图1-1　Linux内核版本命名的构成**

## 1.3 Linux发行版本

Linux 发行版由个人、团队，以及商业机构和志愿者组织编写，通常包括其他的系统软件和应用软件，以及用于简化系统初始安装的安装工具和负责软件安装升级的集成管理器。

典型的 Linux 发行版包括 Linux 内核、一些 GNU 程序库和工具、命令行 Shell、图形界面的 X 窗口系统和相应的桌面环境（如 KDE 或 GNOME），并包含数千种办公套件、编译器、文本编辑器等应用软件。

图 1-2 所示为常见的 Linux 发行版本，国内企业普遍采用 CentOS 发行版本，其次是 Ubuntu 发行版本。

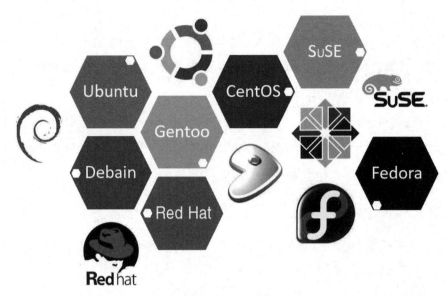

**图1-2　常见的Linux发行版本**

以下为部分常见的 Linux 发行版本介绍。

（1）Red Hat：Red Hat Enterprise Linux，红帽企业 Linux，是 Red Hat 公司发布的面向企业用户的 Linux 系统。Red Hat Linux 是现今最著名的 Linux 发行版本，不但创造了自己的品牌，而且有越来越多的人开始使用它。

（2）CentOS：Community Enterprise Operating System，社区企业操作系统，基于 Red Hat Enterprise Linux 依照开放源代码规定释出的源代码编译而成。

（3）Fedora：作为一个开放的、创新的、具有前瞻性的操作系统和平台，Fedora 允许所有用户自由地使用、修改和重新发布。

（4）Mandrake：Mandrake 的目标是让工作尽量变得简单，Mandrake 的安装非常简单明了，并为初级用户设置了简单的安装选项，完全采用 GUI 界面。

（5）Debian：发布于 1993 年 8 月 13 日，其目标是提供一个稳定容错的 Linux 版本。Debian 以其稳定性著称，虽然其早期版本 Slink 存在一些小问题，但是现行版本 Potato 性能已经相当稳定。

（6）Ubuntu：是一类以桌面应用为主的 Linux 系统。Ubuntu 基于 Debian 发行版本和 Unity 桌面环境编译而成，每 6 个月发布一个新版本，Ubuntu 的目标是为一般用户提供一类最新的、性能相当稳定的、主要由自由软件构成的操作系统。

## 1.4　统信 UOS 简介

统信 UOS 是基于 Linux 内核，同源异构支持四种 CPU 架构（AMD64、ARM64、MIPS64、SW64）和六大 CPU 平台（鲲鹏、龙芯、申威、海光、兆芯、飞腾），提供高效简捷的人机交互、美观易用的桌面应用、安全稳定的系统服务的真正可用且好用的自主操作系统。

统信 UOS 通过对硬件外设的适配支持、对应用软件的兼容和优化，以及对应用场景解决方案的构建，完全满足项目支撑、平台应用、应用开发和系统定制的需求，体现了目前 Linux 系统发展的最高水平。

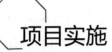

# 项目实施

## 任务 1-1　安装 UOS 系统

**任务规划**

统信 UOS 系统提供了完整的功能。经核查，公司新购置的服务器完全能满足 UOS 系统对硬件的要求，新购置的服务器还未安装操作系统，小锐需要使用 UOS 系统安装光盘，将系统安装到服务器上，可分解为以下 3 个步骤：

（1）设置 BIOS，让服务器在 UOS 系统安装光盘上启动。

（2）根据系统安装向导提示安装 UOS 系统。

（3）创建普通用户 jan16 并登录测试。

**任务实施**

1. 设置 BIOS，让服务器在 UOS 系统安装光盘上启动

启动服务器，进入 BIOS 设置，更改计算机的启动顺序，设置第一启动驱动器为光驱，并保存重启，如图 1-3 所示。

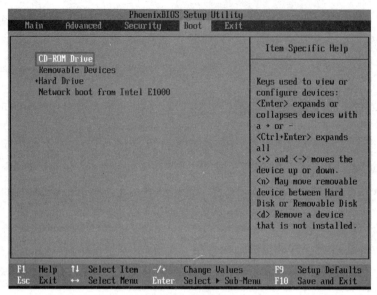

图1-3　BIOS设置

**2. 通过ISO镜像安装UOS系统**

（1）重新启动计算机，将UOS系统安装光盘放到光驱中，系统会自动加载如图1-4所示的UOS系统安装程序，选择【Install UnionTech OS Server 20 Enterprise（Graphic）】命令。

图1-4　UOS系统安装程序

（2）选择所使用的语言，勾选【我已仔细阅读并同意《<u>最终用户许可协议</u>》和

《隐私政策》】复选框，单击【下一步】按钮，如图1–5所示。一般情况下，安装程序的默认语言为【简体中文】。

图1–5　语言选择

（3）选择所使用的配置网络，单击【下一步】按钮，如图1–6所示。一般情况下，安装程序默认为自动获取IP地址。

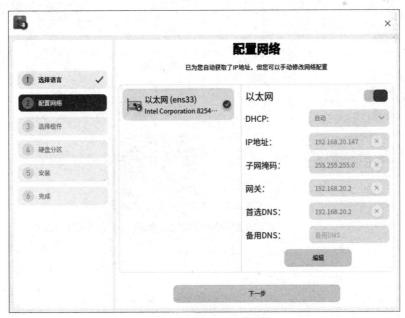

图1–6　【配置网络】选项卡

（4）选择组件。基本环境选择【图形化服务器环境】，附加选项单击【全选】复选框，单击【下一步】按钮，如图1-7所示。注意，一般情况下，基本环境默认选择常规服务器环境。

图1-7 【选择组件】选项卡

（5）在【硬盘分区】选项卡中设置安装模式为【全盘安装】，单击默认分配的硬盘【/dev/sda】，单击【下一步】按钮，如图1-8所示。

图1-8 【硬盘分区】选项卡

（6）单击【继续安装】按钮，系统开始安装，UOS系统安装界面如图1-9所示。

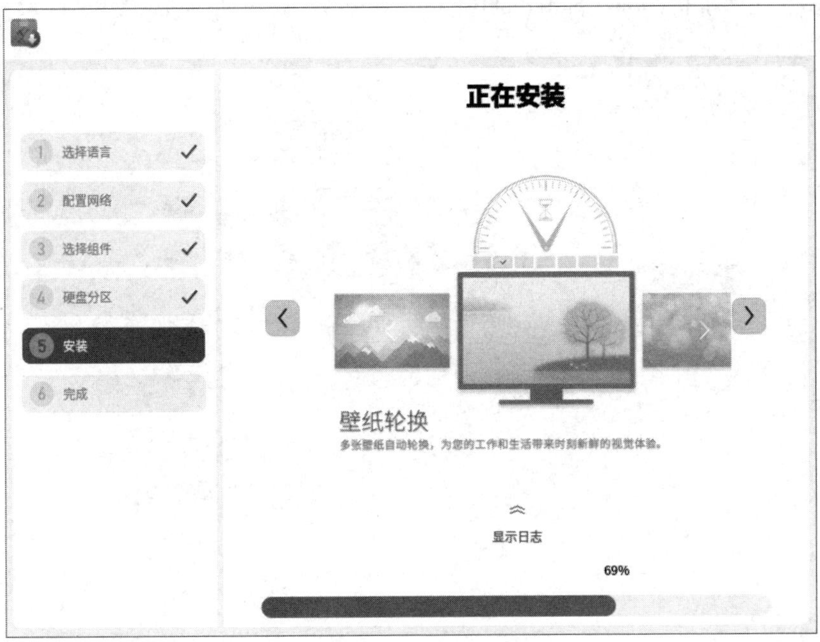

图1-9　UOS系统安装界面

（7）系统安装完成后，需要对【选择语言】【键盘布局】【选择时区】【创建账户】【优化系统配置】进行设置，【键盘布局】选项卡如图1-10所示。

图1-10　【选择时区】选项卡

（8）在【创建账户】选项卡中，创建 jan16 账户，设置密码为 1qaz@WSX，用于系统的后续管理和维护，同时启用 root 用户，密码设置为 1qaz@WSX，如图 1-11 所示。

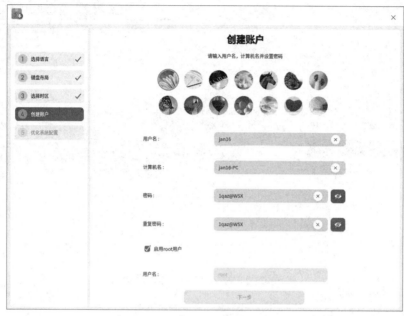

图1-11　【创建账户】选项卡

（9）单击【下一步】按钮，在系统自动优化完成后，使用 root 账户进行登录，密码为 1qaz@WSX，如图 1-12 所示。

图1-12　使用 root 账户登录系统

**任务验证**

UOS系统安装成功，使用jan16账户进行登录，密码为1qaz@WSX，如图1-13所示。

图1-13　登录账户选择界面

# 练习与实训

## 一、理论习题

1. Linux遵循（　　）开源协议。

　　A. GPL　　　　　　B. BSD　　　　　　C. Mozilla　　　　　D. Apache

2. Linux之父是（　　）。

　　A. Ken.Thompson　　　　　　　　B. Linus.Torvalds

　　C. Dennis.Ritchie　　　　　　　　D. Richard Matthew Stallman

3. Linux内核版本命名的组成部分包含（　　）。

　　A.主版本号　　　　　　　　　　B.次版本号

　　C.打包版本号　　　　　　　　　D.厂商版本

4. UOS是基于（　　）内核的操作系统。

    A. Debain             B. Fedora             C. Linux             D. CentOS

5. Linux为输出提供显示并为Shell会话输入提供键盘的界面称为（　　）。

    A.提示符                          B.物理控制台

    C.虚拟控制台                     D.终端

## 二、项目实训题

1.项目背景

网络管理员通过本项目的两个任务已经熟悉了UOS系统的安装操作，Jan16公司希望小锐尽快完成另一台服务器的UOS系统的安装工作。

2.项目要求

（1）下载UOS镜像。

（2）校验UOS镜像。

（3）安装的系统版本为UOS，安装完成后截取系统信息界面截图。

（4）系统盘空间大小为100GB，在安装过程中截取磁盘分区界面截图。

（5）计算机名为jan16-y（y为学号），安装完成后截取系统信息界面截图。

（6）管理员密码为1qaz@WSX，安装完成后，截取root用户的属性信息界面截图。

# 项目 2

## 使用 Shell 管理本地文件

扫一扫,
看微课

## 学习目标

（1）掌握统信UOS命令行的使用方法。

（2）掌握统信UOS的目录结构。

（3）掌握统信UOS常用命令的用法。

（4）掌握统信UOS命令行下的vim编辑器的使用方法。

## 项目描述

随着Jan16公司业务的发展，服务器资源日趋紧张，所租赁的网络系统服务也即将到期。Jan16公司为保障公司业务安全稳定地开展，拟在公司数据中心机房搭建自己的网络服务平台，为此，公司新购置了一批服务器，这些服务器均安装了UOS系统。

Jan16公司希望搭建自己的DNS服务、DHCP服务、FTP服务和Web服务等。公司让实习生小锐尽快了解统信UOS的基础管理操作，为后续服务搭建做好准备。

## 项目分析

统信UOS是一个稳定的、可预测的、可管理且可复制的平台，是一款基于Linux内核开发的桌面操作系统，小锐需要尽快掌握统信UOS中Shell、bash、目录结构、文件系统和vim编辑器等的基础管理操作。

## 相关知识

### 2.1　Shell

Linux（或UNIX）Shell也叫作命令行界面，它是Linux/UNIX下传统的用户和计算机交互界面，用户可直接输入命令来执行各种操作。Linux的Shell作为操作系统的外

壳，为用户提供操作系统的使用接口。它是命令语言、命令解释程序及程序设计语言
的统称。

Linux 中有多种 Shell，如 sh、csh、bash、tcsh 和 zsh 等，默认使用 bash。系统默认
支持的 Shell 均保存在 /etc/shells 目录中，允许用户根据业务需求调用不同的 Shell。例
如，选择 /sbin/nologin 可以禁止用户登录操作。

## 2.2 bash

Bourne Again Shell（bash）是 GNU 计划中重要的工具软件之一，也是 Linux 标准的
Shell，与 sh 兼容，统信 UOS 默认使用 bash。

### 2.2.1 命令提示符

使用【echo $PS1】命令可以查看当前的命令提示符格式，代码如下：

```
root@jan16-PC:~# echo $PS1
[\u@\h \W]\$
```

其中，\u 表示当前用户名，\h 表示主机名简称，\W 表示当前工作目录名，\$ 表示
提示字符。

使用【PS1=" [TYPE]"】可以修改命令提示符格式，包括显示的字体属性、字体颜
色、背景色、提示内容等。例如，使用以下命令修改目录提示符的样式：

```
PS1="\[\e[1;5;41;33m\][\u@\h \W]\\$\[\e[0m\]"
```

用于设置命令提示符格式和颜色的常用数字如下所述。

1 ~ 8：设置字体属性。其中，1：高亮；4：下画线；5：闪烁；7：反显；8：
消隐。

31 ~ 37：设置字体颜色。

41 ~ 47：设置背景色。

当然，还可以通过很多特殊符号来控制和修改命令提示符的显示样式，如追加系
统时间、bash 版本信息等。格式如下：

```
PS1="\[\e[0m\][\t\]\\[\e[1;33m\]\u\[\e[36m\]@\h\[\e[1;31m\][\W]\[\e[0m\]\$"
```

用于设置命令提示符显示样式的常用特殊符号如下所述。

\e 控制符颜色　　　　　　　\u 当前用户

\h 主机名简称　　　　　　　\H 主机名

\w 完整工作目录名　　　　　\W 最后一个工作目录名

\t 24 小时时间格式　　　　　\T 12 小时时间格式

\! 命令历史数　　　　　　\# 开机后命令历史数

### 2.2.2 命令格式

（1）命令提示符下输入的命令由 3 部分组成，示例如下：

```
命令    选项    参数
Command [-options] [parameter1] [parameter2] …
```

- 命令：可执行文件。
- 选项：用于启用或关闭命令的某个或某些功能。
- 参数：命令的作用对象，如文件名、用户名等。

示例如下：

```
[root@jan16-PC]# ls -l --size -r /boot
```

其中，-l、-r 是短选项，--size 是长选项，/boot 是命令执行的参数。

（2）在 Shell 中可执行以下两类命令。

①内部命令。内部命令是 Shell 自带的命令。

- help：内部命令列表。
- enable cmd：启用内部命令。
- enable -n cmd：禁用内部命令。
- enable -n：查看所有禁用的内部命令。

②外部命令。外部命令在文件系统路径下有对应的可执行程序文件。

- which -a 或 whereis：查看外部命令对应的可执行程序文件的存储路径。

示例代码如下：

```
root@jan16-PC:~# which -a ls
/usr/bin/ls
/bin/ls
root@jan16-PC:~# whereis ls
ls: /usr/bin/ls /usr/share/man/man1/ls.1.gz
```

- type [-a] command：查看指定的命令是内部命令还是外部命令。

示例代码如下：

```
root@jan16-PC:~# type -a cd
```

（3）hash 表。

系统初始 hash 表为空，当外部命令执行时，默认会在 PATH 路径下寻找该命令，找到后会将该命令的路径记录到 hash 表中，当再次调用该命令时，Shell 解释器首先会查看 hash 表，若存在，将执行；若不存在，将会去 PATH 路径下寻找。利用 hash 表可大大提高命令的调用速度。

【hash】命令常见的用法有以下几个。

- hash ：显示 hash 缓存。

- hash -l ：显示 hash 缓存，可作为输入使用。

- hash -p path name ：将具有完整路径的命令加入哈希表中。

- hash -t name ：打印缓存中 name 的路径。

- hash -d name ：清除 name 缓存。

- hash -r ：清除缓存。

示例代码如下：

```
root@jan16-PC:~# hash
hits    command
    1    /usr/bin/whereis
    1    /usr/bin/ls

root@jan16-PC:~# hash -l
builtin hash -p /usr/bin/whereis whereis
builtin hash -p /usr/bin/ls ls
```

查看 PATH 路径，代码如下：

```
root@jan16-PC:~# echo $PATH
/usr/local/sbin:/usr/local/bin:/usr/sbin:/usr/bin:/root/bin
```

### 2.2.3　Tab 键补全

Tab 键补全允许用户在提示符处输入部分命令或文件名后，自动补全命令或文件名。

1.命令补全

（1）内部命令：bash 自带的命令。

（2）外部命令：bash 根据 PATH 环境变量定义的路径，自左向右在每个路径中搜寻以指定命令名命名的文件，第一个找到的命令即为要执行的命令。

（3）用户给出的字符串只有一条唯一对应的命令，直接补全；否则，再次按 Tab 键会给出列表。

许多命令可以通过 Tab 键补全匹配参数和选项，但需先安装 bash-completion 软件包。

示例代码如下：

```
root@jan16-PC:~# pas<Tab> <Tab>
passwd  paste
root@jan16-PC:~# pass<Tab>
root@jan16-PC:~# pass wd
```

**2.路径补全**

将用户给出的字符串当作路径的开头，并在其指定上级目录下搜索以指定的字符串开头的文件名。若唯一，则直接补全；否则，再次按Tab键给出列表。

示例代码如下：

```
root@jan16-PC:~# ls /etc/Network <Tab>/<Tab>
root@jan16-PC:~# ls /etc/NetworkManager/
```

### 2.2.4 命令行历史

命令行历史用于保存输入的命令历史。可以用它来重复执行命令，登录Shell时，会读取命令历史文件中记录的命令，此文件为 ~/.bash_history，登录Shell后新执行的命令只会记录在缓存中；这些命令会在用户退出时被"追加"至命令历史文件中。命令行历史快捷键及其功能如表2-1所示。

表2-1　命令行历史快捷键及其功能

| 快捷键 | 功能 |
|---|---|
| Ctrl + P/Up（向上） | 显示当前命令历史中的上一条命令，但不执行 |
| Ctrl + N/Down（向下） | 显示当前命令历史中的下一条命令，但不执行 |
| !string | 重复上一条以"string"开头的命令 |
| Esc, .（按Esc键后松开，然后按 . 键） | 重新调用上一条命令中的最后一个参数 |

【history】命令语言格式如下：

```
history [-c] [-d offset] [n]
history -anrw [filename]
history -ps arg [arg...]
```

【history】命令的部分选项和参数的解析如下：

- -c: 清空命令历史。
- -d offset: 删除命令历史中指定的第offset条命令。
- n: 显示最近的n条命令历史。
- -a: 追加本次会话新执行的命令历史列表到命令历史文件中。
- -r: 读取命令历史文件附加到命令历史列表中。
- -w: 保存命令历史列表到指定的命令历史文件中。
- -n: 读取命令历史文件中未读的行到命令历史列表中。

示例如下：

```
root@jan16-PC:~# history 3
  80  echo $PATH
  81  ls /etc/sysconfig/network-scripts/ifcfg-eth0
  81  history 3
```

命令行历史相关环境变量有以下几个。

- HISTSIZE：命令历史记录的条数。
- HISTFILE：指定命令历史文件，默认为 ~/.bash_history。
- HISTFILESIZE：命令历史文件记录命令历史的条数。
- HISTTIMEFORMAT="%F %T"：显示时间。
- HISTIGNORE="str1:str2*:… "：忽略 str1 命令、以 "str2" 开头的命令历史。

控制命令历史的记录方式有以下几个。

- 环境变量：HISTCONTROL。
- ignoredups：默认设置，忽略重复的命令，连续且相同为 "重复"。
- ignorespace：忽略所有以空白开头的命令。
- ignoreboth：相当于 ignoredups 和 ignorespace 功能的组合。
- erasedups：删除命令历史记录中的重复命令。

示例代码如下：

```
root@jan16-PC:~# echo $HISTCONTROL
ignoredups
```

### 2.2.5　命令别名

对于一些名称较长但又经常使用的命令，可以为其定义别名，以方便输入。使用【alias】命令可以显示和定义命令别名，使用【unalias】命令可以取消命令别名。除非将别名的定义写入配置文件中，否则别名只在当前会话中有效。

为命令【VALUE】定义别名 NAME，代码如下：

```
alias NAME='VALUE'
```

在命令行中定义的别名，仅对当前 Shell 进程有效，如果想让命令别名永久有效，需要将其定义在配置文件中。

- ~/.bashrc：仅对当前用户有效。
- etc/bashrc：对所有用户有效。

编辑配置给出的新配置不会立即生效，bash 进程会重新读取配置文件。

示例代码如下：

```
source /path/to/config_file
. /path/to/config_file
```

使用【unalias】命令撤销别名，代码如下：

```
unalias [-a] name [name ...]
```

其中，–a 表示取消所有命令别名。

命令生效优先级：alias ＞内部命令＞ hash 表＞ $PATH ＞未找到命令。

如果别名同命令同名，要执行该命令，可使用如下命令：

```
\ALIASNAME
"ALIASNAME"
'ALIASNAME'
command ALIASNAME
/path/command
```

### 2.2.6 bash 快捷键

bash 中有很多快捷键，熟练掌握快捷键的使用方法能有效提高工作效率，常用 bash 快捷键及其功能如表 2-2 所示。

表2-2　常用bash快捷键及其功能

| 快捷键 | 功能 |
| --- | --- |
| Ctrl + L | 清屏，相当于执行【clear】命令 |
| Ctrl + S | 阻止屏幕输出，锁定 |
| Ctrl + Q | 允许屏幕输出 |
| Ctrl + C | 终止命令 |
| Ctrl + Z | 挂起命令 |
| Ctrl + A | 将光标移到命令行首，相当于执行【Home】命令 |
| Ctrl + E | 将光标移到命令行尾，相当于执行【End】命令 |
| Ctrl + U | 从光标处删除至命令行首 |
| Ctrl + K | 从光标处删除至命令行尾 |
| Ctrl + W | 从光标处向左删除至单词首 |
| Ctrl + T | 交换光标处和之前的字符位置 |

### 2.2.7 获得命令帮助

只了解命令的作用是不够的，为了有效地使用命令，还需要了解每个命令包含哪些选项和参数，以及如何排列这些选项和参数（命令的语法）。

获取命令帮助的能力决定了用户的技能水平。各选项和参数说明如下。

1.whatis

whatis 用于显示命令的简短描述，使用数据库存储检索信息。

示例代码如下：

```
root@jan16-PC:~# whatis cal
cal (1)              - displays a calendar and the date of Easter
```

2.--help 或 -h 选项

大多数命令都有 -h 或 --help 帮助选项，该选项用于在终端输出简洁的帮助信息。

示例代码如下：

```
date --help
用法：date [ 选项 ]... [+ 格式 ]
  或：date [-u|--utc|--universal] [MMDDhhmm[[CC]YY][.ss]]
Display the current time in the given FORMAT, or set the system date.
……
```

- [ ]：表示可选项；
- ...：表示一个列表；
- [[CC]YY]：表示 "CC 到 YY"，即世纪到年份；
- -u,--utc,--universal：显示或设定为 Coordinated Universal Time 时间格式。

3.【man】命令

man 手册源自过去的 Linux 程序员手册，该手册篇幅很长，存放在 /usr/share/man 目录下。基本上每个 Linux 命令都在 man 手册的 "页面" 上，man 页面分组为不同的 "章节"，统称为 Linux 手册。

【man】命令的配置文件为 /etc/man.config / man_db.conf。

【man –M /PATH/TO/SOMEWHERE COMMAND】：到指定位置搜索 COMMAND 命令的手册页并显示。

查看 /etc/passwd 配置文件的帮助文档，代码如下：

```
root@jan16-PC:~# man -k passwd
checkPasswdAccess (3) - query the SELinux policy database in the kernel
chgpasswd (8)        - update group passwords in batch mode
chpasswd (8)         - update passwords in atch mode
gpasswd (1)          - administer /etc/group and /etc/gshadow
grub2-mkpasswd-pbkdf2 (1) - Generate a PBKDF2 password hash.
lpasswd (1)          - Change group or user password
openssl-passwd (1ssl) - compute password hashes
pam_localuser (8)    - require users to be listed in /etc/passwd
passwd (1)           - update user's authentication tokens
```

（1）man 章节。

为了区分不同章节中相同的主题名称，man 页面在命令后附上章节编号，编号用括号括起来。例如，【ls(1)】表示列出目录下的文件。man 章节及内容类型如表2-3所示。

表2-3　man章节及内容类型

| 章节 | 内容类型 |
|:---:|---|
| 1 | 用户命令（可执行命令和Shell程序） |
| 2 | 系统调用（从用户空间调用的内核例程） |
| 3 | 库函数（由程序库提供） |
| 4 | 特殊文件（如设备文件） |
| 5 | 文件格式（用于许多配置文件和结构） |
| 6 | 游戏（过去的有趣程序章节） |
| 7 | 惯例、标准和其他（协议、文件系统） |
| 8 | 系统管理和特权命令（维护任务） |
| 9 | Linux内核API（内核调用） |

查看【ls】命令的帮助文档，代码如下：

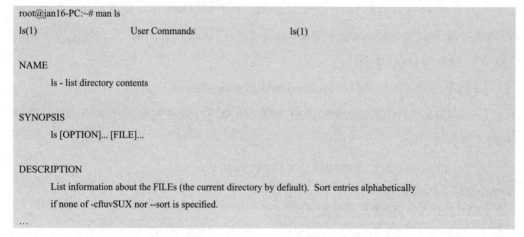

```
root@jan16-PC:~# man ls
ls(1)                          User Commands                          ls(1)


NAME
       ls - list directory contents


SYNOPSIS
       ls [OPTION]... [FILE]...


DESCRIPTION
       List information about the FILEs (the current directory by default).  Sort entries alphabetically
       if none of -cftuvSUX nor --sort is specified.
...
```

（2）man 帮助段落说明。

【man】命令是获取帮助的常用方法，man 帮助文档中的段落说明包括用法格式说明、选项说明等，man 帮助段落说明的名称及简要说明如表2-4所示。

表2-4　man帮助段落说明的名称及简要说明

| 名称 | 简要说明 |
|---|---|
| SYNOPSIS | 用法格式说明<br>[]：可选内容；<br><>：必选内容；<br>alb：二选一；<br>{ }：分组；<br>...：同一内容可出现多次 |
| DESCRIPTION | 详细说明 |
| OPTIONS | 选项说明 |
| EXAMPLES | 示例 |
| FILES | 相关文件 |
| AUTHOR | 作者 |
| COPYRIGHT | 版本信息 |
| REPORTING | 错误报告信息 |
| SEE ALSO | 其他帮助参考 |

（3）man导航。

能够在Linux中高效搜索主题并在man手册中导航是系统管理员必备的管理技能。基本的man导航命令及其功能如表2-5所示。

表2-5　基本的man导航命令及其功能

| 命令 | 功能 |
|---|---|
| space，^v，^f，^F | 向前（向上）滚动一页屏幕 |
| b，^b | 向后（向下）滚动一页屏幕 |
| g | 转到man page的开头 |
| G | 转到man page的末尾 |
| /string | 在man手册中向后搜索string |
| n | 在man手册中重复之前的向后搜索 |
| N | 在man手册中重复之前的向前搜索 |
| q | 退出man手册，并返回到命令Shell提示符 |

4.程序自带的帮助文档

程序自带的帮助文档有README、INSTALL、ChangeLog 三个。

### 5．程序官方文档

可在官方站点下载或查看 Documentation 文档。

### 2.2.8 文件通配符

bash Shell 具有路径名匹配功能，以前叫作通配（globbing），缩写取自早期 UNIX 的"全局命令"（global command）文件路径扩展程序。bash 通配功能通常称为模式匹配或"通配符"，可以使管理大量文件变得更加轻松。使用"扩展"的元字符来匹配要寻找的文件名和路径名，可以一次性针对一组集中的文件执行命令。

通配是一种 Shell 命令解析操作，它将一种通配符模式扩展到一组匹配的路径名。在执行命令之前，命令行元字符由匹配列表替换。不返回匹配项的模式（尤其是方括号括起来的字符类），将原始模式请求显示为文本。常见的元字符的模式及匹配项如表 2-6 所示。

表2-6　常见的元字符的模式及匹配项

| 模式 | 匹配项 |
| --- | --- |
| * | 任意长度的任意字符 |
| ? | 匹配任意单字符 |
| ~ | 当前用户的主目录 |
| ~username | username 用户的主目录 |
| ~+ | 当前工作目录 |
| ~- | 上一工作目录 |
| [ ] | 匹配指定范围内的任意单字符 |
| [^] | 匹配指定范围外的任意单字符 |

仅显示 boot 目录下的目录文件，代码如下：

```
17:56:10 root@jan16-PC:~# ls -d /boot/*/
/boot/efi/  /boot/grub2/  /boot/loader/  /boot/lost+found/
```

### 2.2.9 常用的 Linux 命令

#### 1.【pwd】命令

每个 Shell 和系统进程都有一个当前工作目录。

- 【cwd】命令是指当前工作目录为 current work directory。
- 【pwd】命令用于显示当前 Shell cwd 的绝对路径。

2.【cd】命令

使用【cd】命令可以更改目录。

- cd：change directory，更改目录。
- cd...：切换到父目录。
- cd ~：切换到当前用户主目录。
- cd ~USERNAME：切换到用户 USERNAME 家目录（管理员）。
- cd -：在上一个目录和当前目录之间反复切换。
- cd -P DIR：切换到真实物理路径。

3.【ls】命令

【ls】命令用于列出指定目录的目录内容。若未指定目录，则列出当前目录的内容。

- ls -a：包含隐藏文件。
- ls -l：显示额外的信息。
- ls -R：目录递归通过。
- ls -ld：目录和符号链接信息。
- ls -1：文件分行显示。

4.【mkdir】命令

【mkdir】命令用于创建目录。

- -p：目录存在时不报错，且可自动创建所需目录。
- -v：显示详细信息。
- -m MODE：创建目录时直接设定权限。

5.【touch】命令

使用【touch】命令可将文件的时间戳（access time、modify time、change time）更新为当前的日期和时间，而不做其他修改。通常可用于创建空文件。【touch】命令的语法格式如下：

```
touch [option]... FILE
```

如果 FILE 不存在，将默认创建一个空文件。

- -a：更新文件的读取时间记录。
- -m：更新文件的修改时间记录。
- -c：不创建空文件。

示例代码如下：

```
touch -t [[CC]YY]MMDDhhmm[.ss]
```

6.【cp】命令

【cp】命令用于复制文件和目录。其语法格式如下：

```
cp [OPTION] SRC DEST
```

（1）当SRC是文件时，如果DEST不存在，则复制SRC为DEST。

（2）当DEST存在时：

- 如果DEST是文件就覆盖；
- 如果DEST是目录，就将SRC复制到DEST下，并使用原名。

（3）【cp SRC... DEST】。

若SRC不止1个，则DEST必须是目录。

（4）【cp SRC DEST】。

若SRC是目录，可使用-r选项。

（5）OPTION。

- -p，--preserve=mode，ownership，timestamps：保留文件属性。
- -a：archive相当于-dR --preserve=all，归档文件。
- -R/r：recursive，复制目录。
- -f：强行复制文件或目录，不论目标文件或目录是否已存在。

7.【mv】命令

【mv】命令用于移动/重命名文件，使用方法同【cp】命令。

8.【rm】命令

【rm】命令用于删除目录或文件（慎用此命令）。其语法格式如下：

```
rm [OPTION]... FILE...
```

- -r或-R：递归处理，将指定目录下的所有文件与子目录一并处理。
- -i：删除已有文件或目录之前先询问用户。
- -f：强制删除文件或目录。
- -v：显示指令的详细执行过程。

## 2.3 目录结构

Linux中的所有文件都存储在文件系统中，它们被组织在一个目录树中，称为文件系统结构。这棵树是倒置的，因为树根在该层次结构的顶部，树根的下方延伸出目录和子目录的分支。

"/"目录是根目录，位于文件系统目录结构的顶部。"/"字符还用作文件名中的目录分隔符。Linux目录结构遵循FHS（文件系统层次结构标准），文件系统的主要目录结构如图2-1所示。

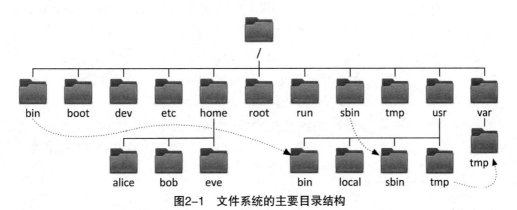

**图2-1　文件系统的主要目录结构**

表2-7列出了Linux中的重要目录及其用途。

**表2-7　重要目录及其用途**

| 重要目录 | 用途 |
| --- | --- |
| /bin，/sbin（符号链接） | 系统自身启动和运行时可能会用到的核心二进制命令 |
| /boot | 系统引导加载时用到的静态文件、内核和ramdisk、grub（bootloader） |
| /dev | devices的简写，所有设备的设备文件都存放于此处；设备文件通常也称为特殊文件（仅有元数据而没有数据） |
| /etc | 系统配置文件 |
| /home | 普通用户存储其个人数据和配置文件的主目录 |
| /lib，/lib64（符号链接） | 共享库文件和内核模块 |
| /opt | 第三方应用程序的安装目录 |
| /proc | 伪文件系统，用于输出内核与进程信息相关的虚拟文件系统 |
| /root | 超级用户root的主目录 |
| /run | 自上一次系统启动以来启动进程运行数据，包括进程ID文件和锁定文件等。次目录中的内容在重启时重新创建（次目录整合了旧版的/var/run和/var/lock） |
| /srv | 系统上运行的服务用到的数据 |
| /sys | 伪文件系统，用于输出当前系统的硬件设备相关信息和虚拟文件系统 |

| 重要目录 | 用途 |
|---|---|
| /tmp | 供临时文件使用的全局可写空间。10天内未访问、未更改或未修改的文件将自动从该目录中删除。还有1个临时目录/var/tmp，该目录中的文件如果在30天内未访问、更改或修改，将自动删除 |
| /usr | 安装的软件、共享的库，包括文件和静态只读程序数据。重要的子目录有：①-/usr/bin：用户命令；②-/usr/sbin：系统管理命令；③-/usr/local：本地自定义软件 |
| /var | 此系统的可变数据，在系统启动时保持永久性。动态变化的文件（如数据库、缓存目录、日志文件、打印机后台处理文档和网站内容）可以在/var目录下找到 |
| /mnt，/media | 设备临时挂载点 |

在 UOS 系统中，"/"目录中的6个较早的目录现在与它们在/usr中对应的目录拥有完全相同的内容，是/usr中对应目录的符号链接。

- /bin 和/usr/bin。
- /sbin 和/usr/sbin。
- /lib 和/usr/lib。
- /lib64 和/usr/lib64。
- /lib32 和/usr/lib32。
- /libx32 和/usr/libx32。

## 2.4 文件系统

文件或目录的路径指定其唯一的文件系统位置。跟随文件路径会遍历一个或多个指定的子目录，用"/"分隔，直到到达目标位置。与其他文件类型相同，标准的文件行为定义也适用于目录（也称为文件夹）。

注意：虽然空字符在Linux文件名称中可以使用，但空格是命令Shell用于命令语法解释的分隔符。建议新手管理员尽量避免在文件名中使用空字符，因为包含空字符的文件名可能会导致意外的命令执行行为。

1.绝对路径

绝对路径是完全限定名称，自根目录"/"开始，到某个目录或文件为止的路径，由一系列连续的目录名组成，中间用"/"分隔，路径中的最后一个名利即要指向的目录或文件。文件系统中的每个文件都有一个唯一的绝对路径名，可通过一个简单的规则识别：第 1 个字符是 "/" 的路径名是绝对路径名。

2. 相对路径

与绝对路径一样，相对路径也标识唯一文件，仅指定从工作目录到达该文件所需的路径。识别相对路径名遵循一个简单的规则：第 1 个字符是 "/" 之外的其他字符的路径名是相对路径名。位于 /var 目录的用户可以将消息日志文件相对指代为 log/messages。

3. 文件名规则

对于标准的 Linux 文件系统，文件路径名长度（包含所有 "/"）不可超过 4095 字节。路径名中通过 "/" 隔开的各部分的长度不可超过 255 字节。文件名可以使用任何 UTF-8 编码的 Unicode 字符，但 "/" 和 NULL 除外。不推荐使用特殊字符来命名目录和文件，有些字符需要用引号引用。

文件中有两类数据：元数据（Metadata）即属性；数据（Data）即文档内容。不同颜色文件的含义如下：

- 蓝色：目录文件。
- 绿色：可执行文件。
- 红色：压缩文件。
- 浅蓝色：链接文件。
- 灰色：其他文件。

/etc/DIR_COLORS 文件中定义颜色属性。

Linux 文件系统，包含但不限于 EXT4、XFS、BTRFS、GFS2 和 ClusterFS，文件名区分大小写。在同一目录中创建 FileCase.txt 和 filecase.txt 将生成两个不同的文件。

Linux 文件分以下几种类型。

- 普通文件。
- d：目录文件。
- b：块设备。
- c：字符设备。
- l：符号链接文件。
- p：管道文件 pipe。
- s：套接字文件 socket。

### 2.5 vim 编辑器

编辑器是编写或修改文本文件的重要工具之一，在操作系统中，编辑器是不可缺少的部分。在 Linux 中，系统和应用的配置大多需要通过修改配置文件进行，熟练掌握 Linux 编辑器的用法，可以极大地提高工作效率。

vim（vi improved）是一款强大的文件编辑器，支持复杂的文本操作。相对图形界面的 gedit 编辑器，vim 编辑器既可以方便地在命令行中使用，也可在任何 Linux 中使用。

vim 是 vi 的高级版本，相较 vi 版本增加了许多的新功能，如自动格式、语法高亮等。当系统中 vim 无法使用时，依然可以使用 vi 命令来代替，用法相同（最小化安装 Linux 时默认不安装 vim）。

vim 编辑器有如下 3 种模式。

（1）命令模式：打开 vim 编辑器，即进入命令模式（也称一般模式）。通过键盘命令，对文档进行复制、粘贴、删除、替换、移动光标和继续查找等操作，该模式也是编辑模式和末行模式切换时的中间模式，可以通过 Esc 键从其他模式返回到命令模式。

（2）编辑模式：也称插入模式，用于对文档内容进行添加、删除和修改等操作。在编辑模式下，所有的键盘操作（除退出编辑模式键即 Esc 键外）都是输入或删除操作，所以在编辑模式下没有可用的键盘命令操作。

（3）末行模式：进入末行模式，光标移动到屏幕的底部，输入内置的指令可执行相关的操作，如文件的保存、退出、定位光标、查找、替换和设置行标等操作。命令模式、编辑模式和末行模式之间的切换方法如图 2-2 所示。

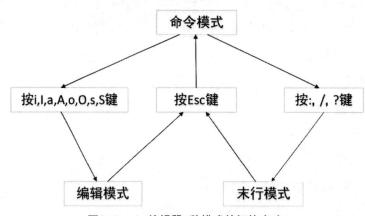

图2-2 vim编辑器3种模式的切换方法

在命令模式下，ZZ命令表示保存并退出；ZQ命令表示不保存，强制退出。

退出末行模式的操作流程为：在命令模式下，按下:（英文冒号）键进入末行模式，然后在末行模式下输入相关的命令。末行模式命令及功能如表2-8所示。

表2-8　末行模式命令及其功能

| 命令 | 功能 |
| --- | --- |
| q | 没有对文档做过修改，退出 |
| q! | 对文档做过修改，强制不保存退出 |
| wq或x | 保存退出；可以添加！表示强制保存退出 |

在vim编辑器命令模式下有大量方便快捷的键盘命令，用于控制光标、操作文本。常用的快捷键及其功能如表2-9所示。

表2-9　常用的快捷键及其功能

| 命令 | 功能 |
| --- | --- |
| h/j/k/l | 光标向左/下/上/右移动1个字符 |
| Ctrl+f/b(d/u) | 屏幕向下/上移动1页（半页） |
| 0或者^ | 光标移动到行首，0是绝对行首 |
| $或者g_ | 光标移动到行尾，$是绝对尾 |
| gg | 光标移动到文件第1行 |
| G | 光标移动到文件最后1行 |
| nG | 光标移动到文件的第n行 |
| nx/nX | 向后/前删除n个字符 |
| dd/ndd | 删除光标所在的行/向下删除n行 |
| cc/C | 删除光标所在的行而后转换为输入 |
| yy/nyy | 复制光标所在的向下n行 |
| p/P | 粘贴到光标位置下/上1行 |
| r | 仅替换1次光标所在的字符 |
| R | 一直替换光标所在的字符，直到按Esc键 |
| u | 撤销前1个操作 |

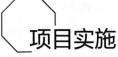

## 项目实施

### 任务 2-1　bash 基础工作环境设置

**任务规划**

Jan16公司已经为公司新购置的一批服务器安装 UOS 系统，现需小锐设置统信
UOS bash 基础工作环境，为后续服务搭建做好准备。具体任务如下：

（1）定义命令提示符，以24小时格式显示时间。

（2）定义命令历史，不记录重复的和以空格开头的命令。

（3）定义命令别名 cdnet。

**任务实施**

1.定义命令提示符，以24小时格式显示时间

（1）修改命令提示符格式，代码如下：

```
root@jan16-PC:~# PS1='[\t \u@\h \W]\$ '
```

（2）查看当前命令提示符，代码如下：

```
16:21:43 root@jan16-PC:~# echo $PS1
[\t \u@\h \W]\$
```

2.定义命令历史，不记录重复的和以空格开头的命令

（1）定义环境变量 HISTCONTROL，代码如下：

```
16:21:50 root@jan16-PC:~# HISTCONTROL=ignoreboth
```

（2）查看 HISTCONTROL 变量值，代码如下：

```
16:31:05 root@jan16-PC:~# echo $HISTCONTROL
ignoreboth
```

3.定义命令别名 cdnet

（1）定义命令别名 cdnet，代码如下：

```
16:36:36 root@jan16-PC:~# alias cdnet='cd /etc/NetworkManager/system-connections/'
```

（2）显示当前 Shell 进程中的所有命令别名，代码如下：

```
16:37:06 root@jan16-PC:~# alias
alias cdnet=' cd /etc/NetworkManager/ system-connections/'
alias cp='cp -i'
alias egrep='egrep --color=auto'
alias fgrep='fgrep --color=auto'
alias grep='grep --color=auto'
…
```

**任务验证**

（1）查看 PS1 环境变量，代码如下：

```
16:40:09 root@jan16-PC:~# echo $PS1
[\t \u@\h \W]\$
```

（2）执行以空格开头的命令和重复的命令，使用【history】命令查看命令历史记录，代码如下：

```
16:40:09 root@jan16-PC:~# echo $PS1
[\t \u@\h \W]\$
16:40:14 root@jan16-PC:~# echo $PS1
[\t \u@\h \W]\$
16:41:31 root@jan16-PC:~# ls
anaconda-ks.cfg
16:41:38 root@jan16-PC:~# history 3
   133  echo $PSipa dd
   134  echo $PS1
   135  history 3
```

（3）使用【cdnet】命令验证命令别名，代码如下：

```
16:41:41 root@jan16-PC:~# cdnet
16:42:37 root@jan16-PC system-connections# pwd
/etc/NetworkManager/system-connections
```

# 任务 2-2　命令行下文件与目录的管理

**任务规划**

Jan16 公司需要为公司新购置的一批服务器安装 UOS 系统，现需小锐了解并能熟练地进行文件与目录管理，为后续服务搭建做好准备。具体任务如下：

（1）查看当前工作目录。

（2）更改目录为"/"，查看"/"目录下的目录文件。

（3）创建 /data/httpd/html、/data/mysql、/data/images、/data/test/1、/data/test/2 目录。

（4）在 dnf 仓库中安装 tree 服务，使用【tree】命令查看 /data/ 目录结构。

（5）删除 /data/test/2 目录，删除 /data/test 目录。

（6）使用【stat】命令查看 /data/ 目录状态信息。

（7）在 /data/httpd/html 目录中使用【touch】命令创建 index.html 和 test.html 空文件。

（8）复制 /etc/issue 文件至 /data/httpd/html 目录下。

（9）重命名 issue 文件为 index.html。

（10）删除 test.html 文件。

1.目录管理

（1）查看当前工作目录，代码如下：

```
root@jan16-PC:~# pwd
/root
```

（2）更改目录为"/"，查看"/"目录下的目录文件，代码如下：

```
root@jan16-PC:~# cd /
root@jan16-PC:/# ls */ -d
bin/   dev/   lib/   libx32/ nonexistent/ recovery/          sbin/  tmp/
boot/  etc/   lib32/ media/  opt/     root/    srv/  usr/
data/  home/  lib64/ mnt/    proc/    run/     sys/  var/
```

（3）创建 /data/httpd/html、/data/mysql、/data/images、/data/test/1、/data/test/2 目录，代码如下：

```
root@jan16-PC:/# mkdir /data/{httpd/html,mysql,images,test/{1,2}} -pv
mkdir: 已创建目录 '/data/httpd/html'
mkdir: 已创建目录 '/data/mysql'
mkdir: 已创建目录 '/data/images'
mkdir: 已创建目录 '/data/test/1'
mkdir: 已创建目录 '/data/test/2'
```

（4）在 dnf 仓库中安装 tree 服务，使用【tree】命令查看 /data/ 目录结构，代码如下：

```
root@jan16-PC:/# apt install -y tree
root@jan16-PC:/# tree /data/
/data/
├── httpd
│   └── html
├── images
├── mysql
└── test
    ├── 1
    └── 2

7 directories, 0 files
```

（5）删除 /data/test/2 目录，删除 /data/test 目录，代码如下：

```
root@jan16-PC:/# rm -r /data/test/2/
root@jan16-PC:/# rm -r /data/test/
```

2.文件管理

（1）使用【stat】命令查看 /data/ 目录状态信息，代码如下：

```
root@jan16-PC:/# stat /data/
  文件：/data/
  大小：92          块：0          IO 块：4096  目录
  设备：806h/2054d  Inode：128    硬链接：9
  权限：(0755/drwxr-xr-x) Uid：(  0/  root)        Gid：(  0/  root)
  最近访问：2021-08-07 17:11:12.118672376 +0800
  最近更改：2021-08-07 17:44:23.457626943 +0800
  最近改动：2021-08-07 17:44:23.457626943 +0800
  创建时间：-
```

（2）在 /data/httpd/html 目录中使用【touch】命令创建 index.html 和 test.html 空文件，代码如下：

```
root@jan16-PC:/# cd /data/httpd/html/
root@jan16-PC:/data/httpd/html# touch index.html test.html
root@jan16-PC:/data/httpd/html# ls
index.html  test.html
```

（3）复制 /etc/issue 文件至 /data/httpd/html 目录下，代码如下：

```
root@jan16-PC:/data/httpd/html# cp /etc/issue/data/httpd/html/
```

（4）重命名 issue 文件为 issue.html，代码如下：

```
root@jan16-PC:/data/httpd/html# mv issue issue.html
root@jan16-PC:/data/httpd/html# ll
总用量 4
-rw-r--r-- 1 root root  0 8 月   7 18:03 index.html
-rw-r--r-- 1 root root 40 8 月   7 18:05 issue.html
-rw-r--r-- 1 root root  0 8 月   7 18:03 test.html
```

（5）删除 test.html 文件，代码如下：

```
root@jan16-PC:/data/httpd/html# rm test.html
```

**任务验证**

（1）使用【tree】命令查看 /data 目录树，代码如下：

```
root@jan16-PC:/# tree /data
/data
├──── httpd
│     └──── html
│          ├──── index.html
│          └──── issue.html
├──── images
└──── mysql

4 directories, 2 files
```

（2）使用【cat】命令查看 /data/httpd/html/issue.html 文件内容，代码如下：

```
root@jan16-PC:/# cat /data/httpd/html/issue.html
UnionTech OS Server 20 Enterprise \n \l
```

## 任务 2-3　命令行下修改系统配置文件

**任务规划**

Jan16公司需要为公司新购置的一批服务器安装 UOS 系统，现需小锐设置统信 UOS bash 基础工作环境并使其永久生效，为后续服务搭建做好准备。具体任务如下：

（1）定义命令提示符，以24小时格式显示时间。

（2）定义命令历史，不记录重复的和以空格开头的命令。

（3）定义命令别名 cdnet。

（4）在用户家目录下定义.vimrc 配置文件，设置 Tab 键为4个空字符。

（5）关闭 SSH 的 DNS 解析服务和 GSSAPI 认证。

（6）定义 motd 配置文件。

**任务实施**

1.定义命令提示符，以24小时格式显示时间

（1）使用【vim】命令修改.bashrc 文件，在尾行添加 PS1='[\t \u@\h \W]\$'，代码如下：

```
root@jan16-PC:/# vim .bashrc
# .bashrc

# User specific aliases and functions

alias rm='rm -i'
alias cp='cp -i'
alias mv='mv -i'

# Source global definitions
if [ -f /etc/bashrc ]; then
    . /etc/bashrc
fi
PS1='[\t \u@\h \W]\$ '
```

（2）执行【bash】命令查看命令提示符，代码如下：

```
root@jan16-PC:/# bash
[18:08:14root@jan16-PC ~]#
```

2.定义命令历史，不记录重复的和以空格开头的命令

（1）使用【vim】命令修改.bashrc 文件，在尾行添加 HISTCONTROL=ignoreboth 配置，代码如下：

```
[18:09:25root@jan16-PC ~]# vim .bashrc
# .bashrc

# User specific aliases and functions

alias rm='rm -i'
alias cp='cp -i'
alias mv='mv -i'

# Source global definitions
if [ -f /etc/bashrc ]; then
    . /etc/bashrc
fi
PS1='[\t \u@\h \W]\$ '
HISTCONTROL=ignoreboth
```

（2）执行【echo】命令查看 HISTCONTROL 变量值，代码如下：

```
[18:12:30root@jan16-PC ~]# echo $HISTCONTROL
ignoreboth
```

### 3.定义命令别名 cdnet

（1）使用【vim】命令修改 .bashrc 文件，在尾行添加别名 alias cdnet='cd /etc/Network Manager/ system-connections/'配置，代码如下：

```
[18:11:15root@jan16-PC ~]# vim .bashrc
# .bashrc

# User specific aliases and functions

alias rm='rm -i'
alias cp='cp -i'
alias mv='mv -i'

# Source global definitions
if [ -f /etc/bashrc ]; then
    . /etc/bashrc
fi
PS1='[\t \u@\h \W]\$ '
HISTCONTROL=ignoreboth
alias cdnet=' cd /etc/NetworkManager/system-connections/'
```

（2）执行【bash】命令，显示当前 Shell 进程中的所有命令别名，代码如下：

```
[18:12:37root@jan16-PC ~]# alias
alias cdnet='cd /etc/NetworkManager/system-connections/'
alias cp='cp -i'
alias egrep='egrep --color=auto'
…
```

4.在用户家目录下定义 .vimrc 配置文件，设置 Tab 键为 4 个空字符

代码如下：

```
[18:18:36root@jan16-PC ~]# vim .vimrc
set tabstop=4

set expandtab
```

5.关闭 SSH 的 DNS 解析服务和 GSSAPI 认证

代码如下：

```
[18:24:16root@jan16-PC ~]# vim /etc/ssh/sshd_config
修改前：UseDNS yes
        GSSAPIAuthentication yes
修改后：UseDNS no
        GSSAPIAuthentication no

[18:26:16root@jan16-PC]# systemctl restart sshd
```

6.定义 motd 配置文件

代码如下：

```
[18:30:55root@jan16-PC ~]# vim /etc/motd

/**
*       ,%%%%%%%%,
*      ,%%/\%%%%/\%%
*     ,%%%\c "" J/%%%
* %.   %%%%/ o  o \%%%
* `%%.  %%%%    _ |%%%
* `%%   `%%%%(__Y__)%%'
* //    ;%%%%`\-/%%%'
* ((     /`%%%%%%%'
* \\    .'          |
* \\   /       \ ||
* \\/       )||
* \      /_||__
   *    (_____))))))) 一个不会有 BUG 的工程师
```

**任务验证**

（1）重新登录，查看 PS1 环境变量，代码如下：

```
[18:14:01 root@jan16-PC]# echo $PS1
[\t \u@\h \W]\$
```

（2）执行重复的和以空格开头的命令，使用【history】命令查看命令历史记录，代码
如下：

```
[18:14:01 root@jan16-PC]# echo $PS1
[\t \u@\h \W]\$
[18:14:06 root@jan16-PC]# echo $PS1
[\t \u@\h \W]\$
[18:14:35 root@jan16-PC]# ls
anaconda-ks.cfg
[18:14:38 root@jan16-PC]# history 4
  438   exit
  439   echo $PS1
  440   ls
  441   history 4
```

（3）使用【cdnet】命令验证命令别名，代码如下：

```
[18:14:44 root@jan16-PC]# cdnet
[18:15:12 root@c81 system-connections]# pwd
/etc/NetworkManager/system-connections
```

（4）使用【vim】命令编辑test文件，按I键然后按Tab键查看效果，代码如下：

```
[18:19:15 root@jan16-PC]# vim test
<tab>
[18:21:13 root@jan16-PC]# wc test
1 0 5 test
```

（5）重新登录服务器。

重新登录服务器后会自动显示如图2-3所示的运行效果。

图2-3　示例运行效果

# 练习与实训

## 一、理论习题

1.统信 UOS 的默认 Shell 是（　　）。

  A. sh      B. bash      C. zsh      D. tcsh

2.统信 UOS 默认采用（　　）文件系统。

  A. EXT4     B. XFS      C. EXT3     D. NTFS

## 二、项目实训题

1.项目背景

Jan161 公司需要为新购置的一批服务器安装 UOS 系统，现需小张设置统信 UOS bash 基础工作环境，为后续服务搭建做好准备。

2.项目要求

（1）定义命令提示符，以 24 小时格式显示时间。

（2）定义命令历史，不记录重复的命令。

（3）定义命令别名 cdnet。

（4）在用户家目录下定义 .vimrc 配置文件，设置 Tab 键为 4 个空字符。

（5）关闭 SSH 的 DNS 解析服务和 GSSAPI 认证。

（6）定义 motd 配置文件。

# 项目 3

## 管理信息中心的用户与组

扫一扫，
看微课

## 学习目标

（1）掌握用户和组的概念与应用。

（2）掌握用户和组的相关命令。

（3）掌握用户与组权限的继承性的概念与应用。

（4）掌握企业组织架构下用户和组的部署业务实施流程。

## 项目描述

Jan16公司信息中心有信息中心主任黄工、网络管理组网络管理员张工和李工、系统管理组系统管理员赵工和宋工5位工程师，Jan16公司信息中心组织架构如图3-1所示。

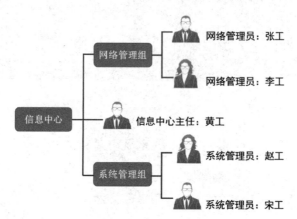

图3-1　Jan16公司信息中心组织架构

Jan16公司信息中心在一台服务器上安装了UOS系统用于部署公司网络服务，信息中心所有员工均需要使用该服务器。系统管理员根据员工的岗位工作管理职责，为每个岗位规划了相应的权限，Jan16公司信息中心员工账户权限信息如表3-1所示。

表3-1　Jan16公司信息中心员工账户权限信息

| 姓名 | 员工账户 | 隶属组 | 权限 | 备注 |
| --- | --- | --- | --- | --- |
| 黄工 | Huang | Sysadmins | 系统管理员 | 信息中心主任 |
| 张工 | Zhang | Netadmins | 网络管理<br>虚拟化管理 | 网络管理组 |
| 李工 | Li | | | |

续表

| 姓名 | 员工账户 | 隶属组 | 权限 | 备注 |
|------|----------|--------|------|------|
| 赵工 | Zhao | Sysadmins | 系统管理员 | 系统管理组 |
| 宋工 | Song | | | |

## 项目分析

  Linux是一类多用户多任务的系统，系统中的用户可以是对应真实物理用户的账户，也可以是特定应用程序使用的身份账户。Linux通过定义不同的用户来限制用户在系统中的权限。系统中的每个文件都可以归属相应的用户和组，可以为用户分配系统文件的访问、写入和执行等权限。

  因此，本项目需要工程师熟悉UOS系统的用户和组管理，可分解为以下工作任务：

  （1）管理信息中心的用户账户，为信息中心员工创建用户账户。

  （2）管理信息中心的组账户，为信息中心各岗位创建组账户，根据岗位工作任务分配用户访问权限。

## 相关知识

  Linux允许多个用户同时登录系统、使用系统资源。用户账户是用户的身份标识，用户通过用户账户可以登录系统，并且访问已经被授权的资源。系统依据账户来区分属于每个用户的文件、进程和任务，并给每个用户提供特定的工作环境，使各个用户能不受干扰地独立工作。

### 3.1 用户类型

  在UOS系统中，主要有以下3种用户类型。

  （1）root用户：在UOS系统中，root用户的UID为0，该类用户对所有的命令和文件具有访问、修改和执行的权限，一旦操作失误很容易对系统造成损坏。因此，在生产环境中，不建议使用root用户直接登录系统。

（2）普通用户：系统中大多数的用户为普通用户，需要管理员用户进行创建。该类用户拥有的权限受到一定的限制，一般只在用户自己的主目录下拥有完全控制权限，在提升权限时，需要使用【sudo】命令。

（3）系统用户：通常用于管理一个守护进程或软件，这类用户在安装系统后默认存在，并且在默认情况下，通常不允许通过 Shell 命令交互式登录系统。但是此类用户可方便地管理系统，对于系统的正常运行是必不可缺的。

## 3.2 用户配置

UOS 系统中用于用户账户相关配置的文件主要有两个：/etc/passwd 和 /etc/shadow。前者用于保存用户的基本信息，后者用于保存用户的密码信息，这两个文件是互补的。

/etc/passwd 文件是文本文件，包含用户登录的相关信息，每行代表一个用户的信息，该文件对所有用户可读。

例如，下面是 /etc/passwd 文件的部分输出，代码如下：

```
root@jan16-PC:~# cat /etc/passwd
root:x:0:0:root:/root:/bin/bash
```

上述 /etc/passwd 文件的部分输出对应的完整格式如下：

```
用户名:口令:用户标识号:组标识号:注释:主目录:默认 Shell
```

（1）用户名：代表用户账户的字符串。

（2）口令：存放加密用户登录的密码，由于 /etc/passwd 文件对所有人可读，出于安全性考虑，用户密码存放在 /etc/shadow 文件中。

（3）用户标识号：每个用户都有 UID，并且是唯一的，0 是超级用户 root 的标识号，用户的角色和权限都是通过 UID 实现的。

（4）组标识号：组的 GID，该字段记录了用户所属的用户组，对应 /etc/group 文件中的一条记录。

（5）注释：用户的注释信息，可填写与用户相关的一些信息，该字段可选。

（6）主目录：用户登录系统后默认所处的目录。

（7）默认 Shell：用户登录所用的 Shell 类型，默认为 /bin/bash。/etc/shadow 文件包含用户账户的加密口令及其他相关安全信息。为了安全起见，只有 root 用户才有权限读取 /etc/shadow 文件中的内容，普通用户无法查看。

例如，下面是 /etc/shadow 文件的部分输出，代码如下：

```
root@jan16-PC:~# cat /etc/shadow
root:$6$6SCTc3Uz3kXN7tQL$a9I6hiw6zMygSGgZvSbCaQUiaZdJEFwYMFQq9ixzcLrNINRDPrVI.iFNIyWu.
qCgariKDbu6iTl.gxMTxv1x5.::0:99999:7:::
```

上述 /etc/shadow 文件的部分输出对应的完整格式如下：

用户名 : 加密口令 : 最后一次修改时间 : 最小时间间隔 : 最大时间间隔 : 警告时间 : 密码禁用期 : 失效时间 : 保留字段

（1）用户名：代表用户账户的字符串。

（2）加密口令：$ 为分隔符，首先使用的是加密算法，其次是随机数，最后才是加密密码，若该字段是 "*" "!" "x" 等字符，则对应的用户不能登录系统。

（3）最后一次修改时间：从 1970 年 1 月 1 日算起，距离最近一次密码被修改的天数。

（4）最小时间间隔：密码最近更改日期到下次允许更改日期之间的天数。

（5）最大时间间隔：表示两次密码修改之间的最大时间间隔。

（6）警告时间：表示从系统开始警告用户到密码正式失效之间的天数。

（7）密码禁用期：表示当密码失效后，自动禁用账户的天数，密码禁用期设置为 –1 代表账户永不禁用。

（8）失效时间：表示账户的生存期。失效时间为 –1 表示该账户处于启用状态。

（9）保留字段：保留域，用于日后进行功能拓展。

## 3.3 群组

在 UOS 系统中，为了方便系统工程师的管理和用户的工作，产生了群组（即用户组）的概念。群组就是具有相同特征的用户集合体。使用群组有利于系统工程师按照用户的特性来组织和管理用户，以提高工作效率。为用户设置群组，在做资源授权时可以把权限赋予某个群组，群组中的成员即可获得对应的权限，并且方便系统工程师检查，用户组可以更高效地管理用户权限。

用于保存主账户基本信息的文件是 /etc/group 文件，存储格式为 group_name:password:GID:user_list，即每行信息包括 4 个字段。

例如，下面是 /etc/group 文件的部分输出：

```
root@jan16-PC:~# cat /etc/group
root:x:0:
```

上述 /etc/group 文件的部分输出对应的完整格式如下：

组名 : 组口令 :GID: 用户列表

（1）组名：用户组的名称。

（2）组口令：用占位符 x 表示，加密后的密码存放在 /etc/shadow 文件下。

（3）GID：群组的 ID 号，Linux 通过 GID 来区分用户组。

（4）用户列表：每个群组包含的所有用户，这里列出的是以该组为附加值的用户列表，以此组为主组的用户并没有列出。

/etc/shadow 文件是 /etc/group 文件的加密文件，两个文件为互补的关系。对于大型的生产场所来说，设置明确的用户和组，定制关系结构比较复杂的权限模型，设置用户组密码是很有必要的。/etc/shadow 文件中的每行信息包括 4 个字段，之间用冒号隔开。

例如，下面是 /etc/shadow 文件的部分输出：

```
root@jan16-PC:~# cat /etc/shadow
root:*::
```

上述 /etc/shadow 文件的部分输出对应的完整格式如下：

```
用户组名 : 用户组密码 : 用户组管理员名称 : 群组成员列表
```

（1）用户组名：用户组的名称。

（2）用户组密码：大部分用户通常不设置用户组密码，因此该字段常为空。如果该字段中出现!字符，则代表群组没有密码，也不设置群组管理员。

（3）用户组管理员名称：该字段可以为空，也可以设置多个群组管理员。

（4）群组成员列表：该字段显示群组中有哪些附加用户，与 /etc/group 文件中的附加值显示内容相同。

用户和组的对应关系有一对一、一对多、多对一和多对多。对这 4 种对应关系的解析如下：

（1）一对一：一个用户可以存在一个组中，也可以是组中的唯一成员。

（2）一对多：一个用户可以存在多个组中，那么此用户具有多个组的共同权限。

（3）多对一：多个用户可以存在一个组中，那么这些用户具有与组相同的权限。

（4）多对多：多个用户可以存在多个组中。其实这种对应关系就是上面 3 种对应关系的扩展。

在 UOS 系统的设计中，每个用户都有一个对应的组，即组是多个（含一个）成员用户为同一个目的组成的组织，组内的成员对属于该组的文件拥有相同的权限。在默认情况下，UOS 系统中的用户拥有自己的私人组（User Private Group，UPG）。当一个新用户被创建时，同时会创建一个名称与用户名相同的用户私人组。

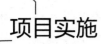

# 项目实施

## 任务 3-1　管理信息中心的用户账户

### 任务规划

为满足公司信息中心对安装了UOS系统的服务器进行访问的需求，系统管理员根据表3-1为每个员工创建用户账户，管理员可以通过向导式菜单为员工创建账户，并通过用户属性管理界面修改账户相关信息。用户使用新用户账户登录系统时，可自行修改登录密码。

在UOS系统终端为信息中心员工创建用户账户，可以通过以下操作步骤实现。

（1）使用useradd命令创建用户账户。

（2）通过不同的参数修改用户账户属性。

（3）在任务验证中使用新用户账户登录系统，测试新用户第一次登录是否需要更改密码。

### 任务实施

通过UOS系统终端为员工创建用户账户。

（1）以管理员root身份登录服务器，打开终端界面，创建用户账户Huang，备注为信息中心主任，代码如下：

```
root@jan16-PC:~# useradd -m -s /bin/bash -c " 信息中心主任 " Huang
root@jan16-PC:~# passwd Huang
新的密码：Jan16@123
重新输入新的密码：Jan16@123
passwd：已成功更新密码
```

创建用户账户时，-c代表加上备注文字，备注文字保存在passwd备注栏中；-m代表创建用户的主目录；-s代表用户登录时所用的Shell类型。

（2）查看用户账户Huang是否创建成功，代码如下：

```
root@jan16-PC:~# cat /etc/passwd
Huang:x:1001:1001: 信息中心主任 :/home/Huang:/bin/bash
```

（3）需要限定用户账户Huang在第一次登录时必须修改密码，代码如下：

```
root@jan16-PC:~# chage -d0 Huang
```

【-d N】选项应该被设置成密码的"有效期"（自密码上一次更改时间1970年1月1日以来的天数）。所以，【-d0】表明该密码是在1970年1月1日更改的，这实际上是让当前密码到期失效，从而使密码在下一次登录时被更改。

（4）切换用户账户查看是否能够成功地限制用户账户Huang登录，注意不能使用root账户进行切换，因为以root用户身份切换用户不需要输入密码。使用新建的test账户对用户账户Huang进行登录测试，切换用户账户输入正确密码后，提示管理员要求立即更改密码，输入当前密码后，提示输入新密码，测试完成，代码如下：

```
root@jan16-PC:~# su test
$ su - Huang
请输入密码
Password:Jan16@123
You are required to change your password immediately (administrator enforced)
为 Huang 更改 STRESS 密码。
Current password: Jan16@123
新的密码：1qaz@WSX
重新输入新的密码：1qaz@WSX
```

（5）使用同样的方法创建Zhang、Li、Zhao、Song四个用户账户，代码如下：

```
root@jan16-PC:~# useradd -m -s /bin/bash -c " 网络管理组 " Zhang
root@jan16-PC:~# useradd -m -s /bin/bash -c " 网络管理组 " Li
root@jan16-PC:~# useradd -m -s /bin/bash -c " 系统管理组 " Zhao
root@jan16-PC:~# useradd -m -s /bin/bash -c " 系统管理组 " Song
```

（6）查看用户账户的创建情况，代码如下：

```
root@jan16-PC:~# cat /etc/passwd
test:x:1001:1001::/home/test:/bin/sh
Huang:x:1002:1002: 信息中心主任 /home/Huang:/bin/sh
Zhang:x:1003:1003: 网络管理组 /home/Zhang:/bin/sh
Li:x:1004:1004: 网络管理组 /home/Li:/bin/sh
Zhao:x:1005:1005: 系统管理组 /home/Zhao:/bin/sh
Song:x:1006:1006: 系统管理组 /home/Song:/bin/sh
```

**任务验证**

使用账户Huang登录UOS系统，用【任务实施】中修改后的密码登录，结果如图3-2所示。

图3-2　使用账户Huang成功登录系统

## 任务 3-2  管理信息中心的组账户

**任务规划**

公司信息中心网络管理组员工使用安装了UOS系统的服务器一段时间后,决定在服务器上部署业务系统进行系统测试,待确定该系统能稳定支撑公司业务后再做业务系统迁移,并在这台服务器上创建共享,同时将系统测试文档统一存放在网络共享中。

公司业务系统管理涉及信息中心、网络管理组和系统管理组的所有员工,公司信息中心需要为每个员工账户分配管理权限。

网络工程师根据图3-1所示的信息中心组织架构、表3-1所示的信息中心员工岗位工作管理职责和权限分配情况,对用户隶属组账户做了如下分析。

(1)该公司信息中心黄工是信息中心主任,具有完全控制权限,并且可以向其他用户分配用户权限和访问控制权限,拥有服务器管理的最高权限,即为root账户,该账户应隶属Sysadmins组。

(2)网络管理组有张工和李工两个网络管理员,需要对该服务器的网络服务做相关配置和管理,拥有服务器的网络管理权限。网络管理组可以更改网卡配置方面的文件,并更新和发布 TCP/IP 地址,两位工程师没有修改其他用户密码和结束其他用户进程的权限,张工和李工两个账户应隶属Netadmins组。

(3)系统管理组有赵工和宋工两个系统管理员,其职责是对系统进行修改、管理和维护,系统管理组需要对系统具有完全控制权限,赵工和宋工两个账户应隶属Sysadmins组。

(4)从信息中心内部组织架构和后续权限管理需求出发,需要分别为网络管理组和系统管理组创建组账户 Netadmins 和 Sysadmins,并将组成员添加到自定义组中。

综上所述,网络工程师对信息中心所有用户的操作权限和系统内置组做了映射,服务器系统自定义组规划如表3-2所示。

表3-2  服务器系统自定义组规划

| 用户账户 | 所属自定义组 | 权限 |
| --- | --- | --- |
| Zhang<br>Li | Netadmins | 网络管理<br>虚拟化管理 |
| Huang<br>Zhao<br>Song | Sysadmins | 系统管理员 |

因此，本任务的主要操作步骤如下。

（1）创建对应用户账户。

（2）创建群组，并将用户账户添加到对应群组中。

（3）设置用户账户的隶属群组，赋予用户与其管理职责适配的系统权限。

**任务实施**

1.创建本地组账户，并配置其隶属的系统内置组

（1）使用root账户，在终端创建Netadmins组和Sysadmins组，代码如下：

```
root@jan16-PC:~# groupadd Netadmins
root@jan16-PC:~# groupadd Sysadmins
```

（2）创建完成后，查看配置文件，验证两个组是否创建成功，代码如下：

```
root@jan16-PC:~# cat /etc/group
Sysadmins:x:1006:
Netadmins:x:1007:
```

2.设置用户账户的隶属组账户

（1）将Huang用户、Zhao 用户和Song用户加入Sysadmins组，并查看用户的组ID是否变更，代码如下：

```
root@jan16-PC:~# usermod -g Sysadmins Huang
root@jan16-PC:~# usermod -g Sysadmins Zhao
root@jan16-PC:~# usermod -g Sysadmins Song
root@jan16-PC:~# cat /etc/passwd
Huang:x:1001:1006: 信息中心主任 :/home/Huang:/bin/bash
Zhao:x:1004:1007: 系统管理组 :/home/Zhao:/bin/bash
Song:x:1005:1007: 系统管理组 :/home/Song:/bin/bash
```

（2）使用同样的方法将Zhang用户、Li用户加入Netadmins 组，并查看用户的组ID是否变更，代码如下：

```
root@jan16-PC:~# usermod -g Netadmins Zhang
root@jan16-PC:~# usermod -g Netadmins Li
root@jan16-PC:~# cat /etc/passwd
Zhang:x:1002:1006: 网络管理组 :/home/Zhang:/bin/bash
Li:x:1003:1006: 网络管理组 :/home/Li:/bin/bash
```

（3）将Huang用户加入root组，并提升Huang用户权限为系统管理员，使得该用户拥有对系统的完全控制权限，代码如下：

```
root@jan16-PC:~# usermod -g root Huang
root@jan16-PC:~# cat /etc/passwd
Huang:x:1001:0: 信息中心主任 :/home/Huang:/bin/bash
```

（4）修改配置文件，为Huang用户授予管理员权限，使用root用户修改 /etc/sudoers 文件，添加对应加粗字体的权限，并使用【wq！】命令进行保存并退出，此时 Huang

用户已经获得 root 用户的权限，切换到 Huang 用户下使用【sudo -i】命令输入密码，即可执行系统管理员权限对应的操作，如查看 /etc/sudoers 文件，代码如下：

```
root@jan16-PC:~# vim /etc/sudoers
## Allow root to run any commands anywhere
root    ALL=(ALL:ALL) ALL
Huang    ALL=(ALL:ALL) ALL
root@jan16-PC:~# su Huang
$ sudo -i

我们信任您已经从系统管理员那里了解了日常注意事项。
总结起来无外乎这三点：

    #1) 尊重别人的隐私。
    #2) 输入前要先考虑 ( 后果和风险 )。
    #3) 权力越大，责任越大。

请输入密码
[sudo] Huang 的密码：
验证成功
root@jan16-PC:~# tail /etc/sudoers

# User privilege specification
root    ALL=(ALL:ALL) ALL
Huang    ALL=(ALL:ALL) ALL
# Allow members of group sudo to execute any command
%sudo    ALL=(ALL:ALL) ALL

# See sudoers(5) for more information on "#include" directives:

#includedir /etc/sudoers.d
```

（5）没有做配置的用户无法使用【sudo -i】命令获取系统管理员的权限，代码如下：

```
root@jan16-PC:~# su - Li
Password:
$ sudo -i
[sudo] Li 的密码：
Li 不在 sudoers 文件中。此事将被报告。
```

（6）对 Zhang 用户和 Li 用户进行权限限制，允许 Zhang 用户执行 /usr/bin、/bin 下面的所有命令，但是为了保障系统的安全性，需要限制 Zhang 用户修改其他用户的密码和终止其他用户的进程，Li 用户可以使用 /bin 目录下的所有命令，但是不能修改其他用户的密码及终止其他用户的进程和使用【nmcli】命令，在 /etc/sudoers.d 目录下使用【visudo】命令创建名称与用户名相同的策略文件并设置如下配置，代码如下：

```
root@jan16-PC:~# visudo -f /etc/sudoers.d/Zhang
Zhang ALL=/usr/bin/,!/usr/bin/passwd,/bin,!/bin/kill
root@jan16-PC:~# visudo -f /etc/sudoers.d/Li
LI ALL=/bin/,!/usr/bin/passwd,!/bin/kill
```

使用【visudo】命令可安全地编辑 /etc/sudoers 文件，该命令具有如下特点：

- 需要超级用户权限。

- 默认编辑 /etc/sudoers 文件。

- sudoers 文件的默认权限是 440，即默认无法修改。

- 【visudo】命令可以在不更改 sudoers 文件权限的情况下，直接修改 sudoers 文件。

- -f，--file=sudoers 用于指定 sudoers 文件的位置。

（7）将 Song 用户和 Zhao 用户加入 root 组，代码如下：

```
root@jan16-PC:~# usermod -g root Zhao
root@jan16-PC:~# usermod -g root Song
root@jan16-PC:~# cat /etc/passwd
Zhao:x:1004:0: 系统管理组 :/home/Zhao:/bin/bash
Song:x:1005:0: 系统管理组 :/home/Song:/bin/bash
```

### 任务验证

【Zhang】用户隶属 Netadmins 组，而该用户并不是系统管理员，但是该用户的权限为可以使用 /usr/bin、/bin 下面的所有命令，而不能使用【passwd】命令去修改其他用户的密码和终止其他用户的进程，代码如下：

```
Zhang@jan16-PC:~$ sudo kill
请输入密码
[sudo] Zhang 的密码：
验证成功
对不起，用户 Zhang 无权以 root 的身份在 jan16-PC 上执行 /usr/bin/kill。
Zhang@jan16-PC:~$ sudo passwd
请输入密码
[sudo] Zhang 的密码：
验证成功
对不起，用户 Zhang 无权以 root 的身份在 jan16-PC 上执行 /usr/bin/passwd。
Zhang@jan16-PC:~$ sudo ls
请输入密码
[sudo] Zhang 的密码：
验证成功
Desktop  Documents  Downloads  Music  Pictures          Videos
```

【Li】用户隶属 Netadmins 组，而该用户并不是系统管理员，但是该用户的权限为可以使用 /bin 下面的所有命令，不允许使用【passwd】命令去修改其他用户的密码和终止其他用户的进程，代码如下：

```
Li@jan16-PC:~$ sudo kill
对不起，用户 Li 无权以 root 的身份在 jan16-PC 上执行 /usr/bin/kill。
Li@jan16-PC:~$ sudo passwd
对不起，用户 Li 无权以 root 的身份在 jan16-PC 上执行 /usr/bin/passwd。
Li@jan16-PC:~$ sudo nmcli
ens33: 已连接 to 有线连接
      "Intel 82545EM"
      ethernet (e1000), 00:0C:29:B2:B4:A8, 硬件 , mtu 1500
      ip4 默认
      inet4 192.168.20.148/24
      route4 0.0.0.0/0
      route4 192.168.20.0/24
      inet6 fe80::7e43:cae1:4718:d401/64
      route6 fe80::/64
      route6 ff00::/8
Mon Jul 27 02:41:47 EDT 2020
```

# 练习与实训

## 一、理论习题

1.统信 UOS 中默认的管理员账户是（　　）。

    A. Admin　　　　　　　　　　　　B. root

    C. Supervisor　　　　　　　　　　D. Administrator

2.需要展示 Linux 某个目录的目录结构时，可以使用的命令是（　　）。

    A. tree　　　　　　　　　　　　　B. cd

    C. mkdir　　　　　　　　　　　　D. cat

3.创建一个名为 /jan16/test 的目录，可以使用的命令是（　　）。

    A. mkdir -pv /jan16/test　　　　　　B. touch /jan16/test

    C. rm -rf /jan16/test　　　　　　　D. cp test /jan16/test

4.新建的磁盘需要进行永久挂载，需要修改的配置文件是（　　）。

    A. /etc/fstab　　　　　　　　　　B. /etc/sysconfig

    C. /usr/local　　　　　　　　　　D. /dev/cdrom

## 二、项目实训题

实训一

1.在统信 UOS 上建立组 stus 和本地账户 st1、st2、st3，并将这 3 个账户加入 stus 组中。

2.设置账户 st1 下次登录时需修改密码，设置账户 st2 密码永不过期，停用账户 st3。

3.用 root 账户登录计算机，做如下操作：

（1）创建用户 test，设置 test 用户属于 root 组。

（2）注销后用 test 用户登录，通过【whoami】命令显示自身的用户名称。

（3）在当前用户家目录中创建一个文本文件，并将其命名为 test.txt。

（4）注销后重新用 root 用户登录，这时是否可以在桌面上看到刚才创建的文本文件？如果看不到应该在哪里能找到它？

（5）删除 test 用户，重新创建一个 test 用户，注销后用 test 用户登录，此时是否还可以在当前用户家目录中看到刚刚创建的文本文件？

实训二

1.项目背景

公司研发部有研发部主任赵工、软件开发组软件开发员钱工和孙工、软件测试组软件测试员李工和简工 5 位工程师，研发部组织架构如图 3-3 所示。

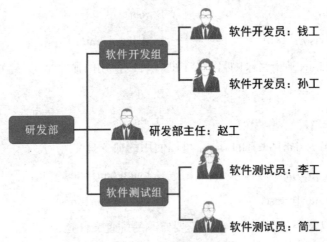

图3-3　研发部组织架构

研发部为满足新开发软件产品部署需要，特采购了一台安装了 UOS 系统的服务器用于部门软件部署和测试。研发部根据部门的岗位需要，为每个岗位规划了相应权限, 研发部员工账户信息表如表3-3所示。

表3-3　研发部员工账户信息表

| 姓名 | 用户账户 | 权限 | 备注 |
|---|---|---|---|
| 赵工 | Zhao | 系统管理员 | 研发部主任 |
| 钱工 | Qian | 系统管理员 | 软件开发组 |
| 孙工 | Sun | | |
| 李工 | Li | 网络管理<br>系统备份<br>打印管理 | 软件测试组 |
| 简工 | Jian | | |

2.项目要求

（1）根据项目背景规划研发部员工用户账户权限、自定义组信息和用户隶属组关系, 完成后填入表3-4中。

表3-4　研发部用户和组账户权限规划表

| 自定义组名称 | 隶属系统内置组 | 组成员 | 权限 |
|---|---|---|---|
| | | | |
| | | | |
| | | | |

（2）根据表3-4的规划, 在研发部的服务器上实施（要求所有用户第一次登录系统时修改密码）, 并截取以下系统截图。

①截取用户管理界面截图。

②截取用户所属组界面截图。

# 项目 4

## UOS 系统的基础配置

扫一扫，
看微课

## 学习目标

（1）掌握企业 UOS 系统常规的初始化配置操作。

（2）理解企业生产环境下 UOS 系统初始化配置的标准流程。

## 项目描述

Jan16公司在信息中心机房购置了一台新的应用服务器，并安装了全新的 UOS 系统。为确保服务器操作系统能安全稳定地运行，要为服务器上的应用创建统一的底层操作系统环境。现在需要运维工程师对这台服务器进行初始化配置。服务器的基本信息如表4-1所示。

表4-1　信息中心机房新增服务器基本信息表

| 配置名称 | 配置信息 |
| --- | --- |
| 设备名称 | JX3260 |
| 超级管理员登录账户 | root |
| 超级管理员登录密码 | Jan16@123 |

为了日后服务器配置的规范化，公司要求在服务器初始化配置时做到以下几点。

（1）业务主机入网前需要统一基础环境，如语言、时区、键盘布局等。

（2）默认使用本地软件仓库源提供的软件包。

（3）业务主机统一使用静态 IP 提供业务访问。

（4）业务主机需要确保系统时间的准确性。

（5）业务主机需要配置安全的远程登录访问，以便日后进行业务调试、日常巡检及故障修复等。

## 项目分析

根据公司需求，运维工程师需要完成 UOS 系统的初始化配置工作，可分解为以下具体工作任务。

（1）配置系统的基本环境，包括系统日期和时间、时区、键盘布局、语言。

（2）配置系统的网络连接，将服务器接入网络并配置好远程登录。

（3）校准系统时间，确保本地时间的准确性。

为了完成上述工作任务，运维工程师对服务器的基本配置信息进行了规划，如表4-2所示。

表4-2　服务器基本配置信息规划表

| 配置名称 | 配置信息 |
| --- | --- |
| 主机名 | webApp03 |
| 时区 | Asia/Shanghai |
| 键盘布局 | cn |
| 语言 | zh_CN.UTF-8 |
| IP地址 | 192.168.238.103/24 |
| 网关 | 192.168.238.2 |
| DNS服务器地址 | 114.114.114.114 |
| NTP服务器 | ntp.aliyun.com（主） |

# 相关知识

## 4.1 网络连接的基本概念

1.局域网和广域网

按照覆盖范围的不同，网络主要可以分成局域网和广域网。局域网（Local Area Network，LAN）主要是指覆盖局部区域（如办公室或楼层）的计算机网络。广域网（Wide Area Network，WAN）又称外网、公网，主要是指连接不同地区的局域网或城域网的计算机通信远程网络。一般情况下，服务器接入局域网中，其网络流量可以通过路由器、防火墙等设备进入广域网中。

2.IP 地址

IP地址（Internet Protocol Address，IP Address）是设备接入网络的标识。服务器

通过配置IP地址与其他服务器或设备进行通信，如果没有IP地址，将无法识别发送方和接收方，因此IP地址除有设备标识功能之外，还有寻址功能。

目前，IP地址主要分为IPv4地址与IPv6地址两大类。IPv4地址由4个十进制数字组成，并以"."符号分隔，如172.16.254.1；IPv6地址由10个六进制数字（转换为二进制数则是128位）组成，以"："符号分隔，如2001:db8:0:1234:0:567:8:1。不同的局域网IP地址可以通过"子网掩码"（标识IP地址位数的十进制数字，IPv4地址最大是32位，IPv6地址是128位）进行划分，也就是我们所说的网段，如172.16.254.0/24，其中24表示子网掩码的长度。

3. 网关

在计算机网络中，网关（Gateway）是用于转发其他服务器通信数据的设备，一般情况下，我们也将路由器的IP地址称为网关，网关通常用于连接局域网和互联网。

4. 主机名

主机名（Hostname）就是服务器操作系统中显示的名字，其作用类似人的名字。一般情况下，在网络上寻找和定位一台计算机是通过IP地址来进行的，但是IP地址对人类来说可读性太差。因此，人们就用易读好记的、有意义的单词来代替IP地址，而这就是主机名（域名）。

5. 域名系统

域名系统（Domain Name System，DNS）是将主机名（域名）和IP地址相互映射的一个分布式数据库，为了实现用主机名来定位和寻找一台计算机的目标，需要在设备中设置DNS服务器的IP地址。DNS服务器的IP地址允许与设备处于不同的网段，只要主机通过寻址到达DNS即可。

在UOS系统中，默认使用NetworkManager进程管理网卡的配置。用户可以通过GNOME桌面的图形界面工具Wired Connected、终端图形界面工具nmtui、终端命令行工具nmcli三种方式配置上述网络配置信息。

## 4.2 系统时间

服务器系统时间的准确性非常重要，特别是在对外提供应用服务的系统中，错误的时间会带来糟糕的用户体验，甚至会引起数据错误进而造成重大损失。在UOS系统中，时间的准确性是由NTP保证的，该协议主要通过在系统内部运行的守护进程将系统内核的时钟信息与网络中的时钟信息进行核对。若两者出现偏差，则以网络中的时钟信息为准，通过特定机制更新内核中运行的系统时钟。而网络中的时钟信息则被称为"时间源"。

## 4.3 SSH远程登录

Secure Shell（安全外壳协议，缩写为SSH）是一种加密的网络传输协议，它可以在不安全的网络中为网络服务提供安全的传输环境。SSH通过在网络中创建安全隧道来实现SSH客户端与服务器之间的连接。SSH最常见的用途是远程登录系统，人们通常利用SSH来传输命令行界面和远程执行命令。

当UOS服务器建立好网络连接后，用户便可以远程访问网络和管理系统。SSH是最通用的远程系统管理工具之一。它允许用户远程登录系统及执行命令。SSH可以使用加密技术在网络上传输数据，具有很高的安全性。用户在网络连接畅通的情况下，可以使用SSH客户端连接到启用了SSH的主机上。常用的SSH客户端如表4-3所示。

表4-3　常用的SSH客户端

| SSH客户端名称 | 平台 | 特点 |
|---|---|---|
| OpenSSH-client | Linux | 由OpenSSH软件提供，Linux自带SSH客户端 |
| PuTTY | Windows | 开源软件，免费使用，软件小巧，免安装，方便携带 |
| XShell | Windows | 商业软件，学校、家庭免费使用，功能强大 |
| MobaXterm | Windows | 商业软件，可免费使用，支持多种远程工具和命令 |

在远程连接服务器系统时，因为要输入服务器的IP地址、登录账户、密码等安全敏感信息，所以一般在部署实施远程连接、进行远程登录操作时，要特别注意安全问题。既要对服务器进行安全加固，也要对客户端进行安全审查。

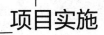

# 项目实施

## 任务4-1　配置系统的基本环境

任务规划

在本任务中，运维工程师需要根据服务器配置规划表来配置系统的基本环境，本任务需要完成如下配置。

（1）配置系统的日期和时间。

（2）配置系统本地化及语言。

（3）配置系统键盘布局。

**任务实施**

1.配置系统的日期和时间

（1）通过【date】命令确认当前的系统日期和时间，代码如下：

```
root@jan16-PC:~# date
2021 年 08 月 06 日 星期五 10:36:03 CST
## 从上面可以看出当前系统时间为 2021 年 08 月 06 日星期五的 10 点 36 分，其中 CST 表示中国标准时间，而现实
真正的时间为 14 点 36 分，系统时间慢了 4 个小时
```

（2）通过【date -s】命令修正当前系统日期和时间为 2021 年 08 月 06 日的 14 点 36 分，代码如下：

```
root@jan16-PC:~# date -s "2021-08-06 14:36"
2021 年 08 月 06 日 星期五 14:36:00 CST
```

（3）通过【date -s】命令修改系统内核的时间，为了确保系统内核时间与硬件时钟时间一致，需要执行【hwclock】命令进行同步，代码如下：

```
root@jan16-PC:~# hwclock --systohc
```

（4）为了确保时区的正确性，需要通过【timedatectl】命令修改当前系统时区为亚洲/上海（东八区），代码如下：

```
root@jan16-PC:~# timedatectl set-timezone Asia/Shanghai
```

2.配置系统本地化及语言

（1）通过【localectl status】命令查看当前系统的本地化设置，代码如下：

```
root@jan16-PC:~# localectl status
   System Locale: LANG=zh_CN.UTF-8
## 此处说明当前的本地化设置为 LANG=zh_CN.UTF-8
                 LANGUAGE=zh_CN
     VC Keymap: n/a
     X11 Layout: cn
     X11 Model: pc105
```

（2）通过【localectl set-locale】命令修改系统本地化设置（用户也可以通过【localectl list-locales】命令列出更多的可用本地化设置），代码如下：

```
root@jan16-PC:~# localectl set-locale LANG=en_US.UTF-8
```

3.配置系统键盘布局

（1）通过【localectl status】命令确认当前操作系统的默认键盘布局，代码如下：

```
root@jan16-PC:~# localectl status
    System Locale: LANG=zh_CN.UTF-8
                  LANGUAGE=zh_CN
    VC Keymap: n/a      ## 此处说明当前 VC 没有设定为键盘布局
    X11 Layout: cn       ## 此处说明 X11 界面设定的键盘布局为 cn
    X11 Model: pc105
```

（2）通过【localectl】命令将虚拟控制台、图形化界面和 X11 界面的键盘布局均修改为 en，代码如下：

```
root@jan16-PC:~# localectl  set-keymap en
root@jan16-PC:~# localectl  set-x11-keymap en
```

### 任务验证

（1）通过【timedatectl】命令查看当前系统日期和时间的详细信息，代码如下：

```
root@jan16-PC:~# timedatectl
            Local time: 五 2021-08-06 14:55:12 CST
        Universal time: 五 2021-08-06 06:55:12 UTC
            RTC time: 五 2021-08-06 06:55:12
            Time zone: Asia/Shanghai (CST, +0800)
System clock synchronized: yes
            NTP service: active
        RTC in local TZ: no
```

（2）通过【localectl status】命令查看系统本地化、系统键盘布局、系统语言，代码如下：

```
root@jan16-PC:~# localectl status
    System Locale: LANG=en_US.UTF-8
                  LANGUAGE=zh_CN
    VC Keymap: en
    X11 Layout: en
    X11 Model: pc105
```

## 任务 4-2　配置系统网络连接

### 任务规划

在配置完服务器系统的基本环境后，运维工程师需要根据服务器配置信息将服务器接入局域网中，其中涉及主机名、安全策略及网络地址的配置，主要通过以下几个步骤完成。

（1）配置服务器网络地址信息。

（2）配置服务器主机名。

（3）配置服务器安全远程登录。

本任务实施拓扑如图4-1所示。

图4-1　本任务实施拓扑

**任务实施**

1.配置服务器网络地址信息

（1）通过【ip link show】命令确认服务器网卡信息，代码如下：

```
root@jan16-PC:~# ip link show
1: lo: <LOOPBACK,UP,LOWER_UP> mtu 65536 qdisc noqueue state UNKNOWN mode DEFAULT group default qlen 1000
    link/loopback 00:00:00:00:00:00 brd 00:00:00:00:00:00   link/loopback 00:00:00:00:00:00 brd 00:00:00:00:00:00
2: ens33: <BROADCAST,MULTICAST,UP,LOWER_UP> mtu 1500 qdisc pfifo_fast state UP mode DEFAULT group default
qlen 1000
    link/ether 00:0c:29:15:ba:a9 brd ff:ff:ff:ff:ff:ff
```

从上可以确认当前服务器有两个接口，1为lo接口（本地环回接口）；2为ens33接口，这是我们需要配置的接口，从后面的【UP,LOWER_UP】可以看出此接口已经连接好网线，是物理上可用的状态。

（2）通过【nmcli】命令查看并修改网卡的连接名，方便后续配置使用，ens33网卡的IP地址设置为192.168.238.103/24，代码如下：

```
root@jan16-PC:~# nmcli connection
NAME      UUID                       TYPE   DEVICE
有线连接   ec57799a-0cf0-f4f0-ebfa-4340ba1af9bd  ethernet  ens33
root@jan16-PC:~# nmcli connection modify uuid ec57799a-0cf0-f4f0-ebfa-4340ba1af9bd  con-name ens33
root@jan16-PC:~# nmcli connection up ens33
root@jan16-PC:~# nmcli connection modify ens33 ipv4.addresses 192.168.238.103/24
```

（3）通过【nmcli】命令修改ens33网卡的默认网关，这里设置为192.168.238.2，代码如下：

```
root@jan16-PC:~# nmcli connection modify ens33 ipv4.gateway 192.168.238.2
```

（4）通过【nmcli】命令修改ens33网卡的IP地址，获取方式为静态配置，代码如下：

```
root@jan16-PC:~# nmcli connection modify ens33 ipv4.method  manual
```

（5）通过【nmcli】命令修改ens33网卡的DNS服务器地址为114.114.114.114，代码如下：

```
root@jan16-PC:~# nmcli connection modify ens33 ipv4.dns 114.114.114.114
```

（6）通过【nmcli】命令激活 ens33 的新配置信息，代码如下：

```
root@jan16-PC:~# nmcli connection up ens33
```

### 2. 配置服务器主机名

（1）通过【hostnamectl】命令配置服务器主机名为 webApp03，代码如下：

```
root@jan16-PC:~# hostnamectl set-hostname webApp03
```

（2）重启命令行界面或注销后重新登录可使主机名配置立即生效（过程略）。

### 3. 配置服务器安全远程登录

（1）在运维部 PC 上打开终端命令行，并执行【ssh-keygen】命令生成 SSH 密钥对，代码如下：

```
root@localhost:~# ssh-keygen
Generating public/private rsa key pair.
Enter file in which to save the key (/root/.ssh/id_rsa):
Created directory '/root/.ssh'.
Enter passphrase (empty for no passphrase):
Enter same passphrase again:
Your identification has been saved in /root/.ssh/id_rsa.
Your public key has been saved in /root/.ssh/id_rsa.pub.
The key fingerprint is:
SHA256:i1Pi/b5TLLo77j61pOlQbXfr89sK41iDqLm+Amruso4 root@localhost
The key's randomart image is:
+---[RSA 2048]----+
|                 |
|                 |
|                 |
|        .        |
|     . S o..     |
|  .   . * ++oo. .|
| . . = +*.+= .   |
|+ .  . =*.o+ =. .|
|E= o*BB*=o. o=+| 
+----[SHA256]-----+
```

（2）在运维部 PC 上执行【ssh-copy-id】相关命令将 SSH 密钥对上传至服务器，完成安全远程登录配置，代码如下：

```
root@localhost:~# ssh-copy-id -f jan16@192.168.238.103
/usr/bin/ssh-copy-id: INFO: Source of key(s) to be installed: "/root/.ssh/id_rsa.pub"
jan16@192.168.238.103's password:
Number of key(s) added: 1
Now try logging into the machine, with:  "ssh 'jan16@192.168.238.103'"
and check to make sure that only the key(s) you wanted were added.
```

**任务验证**

（1）通过【ip addr show】命令查看网卡的IP地址信息，应能看到IP地址已经生效，代码如下：

```
root@jan16-PC:~# ip addr show ens33
2: ens33: <BROADCAST,MULTICAST,UP,LOWER_UP> mtu 1500 qdisc pfifo_fast state UP group default qlen 1000
link/ether 00:0c:29:15:ba:a9 brd ff:ff:ff:ff:ff:ff
inet 192.168.238.103/24 brd 192.168.238.255 scope global noprefixroute ens33
## 省略显示部分内容 ##
```

（2）通过【ip route show】命令查看系统默认的网关地址，能看到配置正确，代码如下：

```
root@jan16-PC:~# ip route show default
default via 192.168.238.2 dev ens33 proto static metric 20100
```

（3）通过【cat】命令查看DNS服务器配置文件【/etc/resolv.conf】，能看到文件中【nameserver】的值为114.114.114.114，代码如下：

```
root@jan16-PC:~# cat /etc/resolv.conf
# Generated by NetworkManager
nameserver 114.114.114.114
```

（4）通过【hostname】命令查看配置好的主机名，代码如下：

```
root@jan16-PC:~# hostname
webApp03
```

（5）在运维部PC上使用【ssh】相关命令进行SSH安全远程登录测试，登录时应不必输密码，代码如下：

```
root@localhost:~# ssh jan16@192.168.238.103
Welcome to uos 20 GNU/Linux
  * Homepage:https://www.chinauos.com/
  * Bugreport:https://bbs.chinauos.com/
Last login: Sat Aug  7 18:15:16 2021 from 172.25.0.10
root@jan16-PC:~#
```

# 任务 4-3　校准系统时间

**任务规划**

为进一步确保服务器系统时间的准确性，运维工程师需要为服务器配置ntp时间源，主要步骤如下。

（1）部署chrony时间同步服务。

（2）修改chrony服务主配置文件。

（3）启动chrony服务。

**任务实施**

**1.部署 chrony 时间同步服务**

通过【apt】命令安装 chrony 软件。

```
root@jan16-PC:~# apt install chrony
```

**2.修改 chrony 服务主配置文件**

通过【vim】命令编辑 /etc/chrony/chrony.conf 配置文件,添加规划的 NTP 时间源服务器记录,代码如下:

```
root@jan16-PC:~# vim /etc/chrony/chrony.conf
#pool 2.debian.pool.ntp.org iburst
server ntp.aliyun.com iburst
```

**3.启动 chrony 服务**

通过【systemctl】命令重新启动 chrony 服务守护进程,并设置为开机自启动,代码如下:

```
root@jan16-PC:~# systemctl restart chrony
root@jan16-PC:~# systemctl enable chrony
Created symlink /etc/systemd/system/multi-user.target.wants/chrony.service → /lib/systemd/system/chrony.service..
```

**任务验证**

(1)通过【timedatectl】命令可以查看到时钟状态为系统时间已同步,代码如下:

```
root@jan16-PC:~# timedatectl
               Local time: 日 2021-08-08 17:11:25 CST
           Universal time: 日 2021-08-08 09:11:25 UTC
                 RTC time: 日 2021-08-08 09:11:25
                Time zone: Asia/Shanghai (CST, +0800)
System clock synchronized: yes
              NTP service: active
          RTC in local TZ: no
```

(2)通过【chronyc sources -v】命令可以查看到系统时间源为一个,代码如下:

```
root@jan16-PC:~# chronyc sources -v
210 Number of sources = 1
……
MS Name/IP address         Stratum Poll Reach LastRx Last sample
========================================================================
^* 203.107.6.88               2   6   17    24  +433us[+3702us] +/-  39ms
```

# 练习与实训

## 一、理论习题

1. 以下哪项不是 UOS 系统的软件安装命令？（    ）

    A. rpm            B. yum           C. apt           D. dnf

2. UOS 系统使用以下哪个命令查看系统时间源？（    ）

    A. chronyc sources -v

    B. timedatectl

    C. timedatectl status

3. 以下哪种情况不是造成统信 UOS 主机 A 无法 ping 通统信 UOS 主机 B 的原因？（    ）

    A. 主机 A 和主机 B 在同一局域网中，主机 A 和主机 B 都没有配置网关

    B. 主机 A 和主机 B 不在同一个局域网中，主机 B 没有配置网关

    C. 主机 A 和主机 B 在同一局域网中，主机 A 没有执行【nmcli connection ens33 up】命令

    D. 主机 A 和主机 B 在不同的局域网中，主机 A 的网关上没有通往主机 B 的路由

4. 主机 A 和主机 B 执行如下代码，以下说法中正确的是（    ）。

```
root@localhost:~# ssh-keygen
root@localhost:~# ssh-copy-id hostB
root@localhost:~# vim /etc/chrony/chrony.conf
# pool 2.debain.pool.ntp.org iburst
server hostA iburst
root@localhost:~# systemctl start chronyd
```

    A. 主机 B 能免密登录主机 A

    B. 主机 A 和主机 B 能互相免密登录

    C. 主机 A 只有一个时间同步源，时间源是主机 B

    D. 主机 B 只有一个时间同步源，时间源是主机 A

5. 主机 A 的某配置信息如下，以下说法中正确的是（    ）。

```
type=ethernet
method=manual
id=ens33
address1=192.168.238.103/24,192.168.238.2
```

A. 这是主机 A 上名为 en33.nmconnection 的网卡配置文件，对应的设备名称为 ens33

B. 主机 A 重启 ens33 网卡后，该网卡没有 IP 地址

C. 主机 A 使用的是动态的 IP 地址

D. 此配置文件中 IP 地址是 192.168.238.2

## 二、项目实训题

Jan16 公司购置了多台 UOS 服务器，运维管理员需要根据配置要求初始化各设备的操作系统。项目实施拓扑如图 4-2 所示。

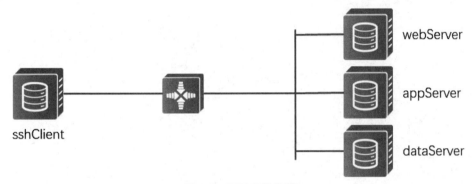

图4-2　项目实施拓扑

各设备配置要求规划如表4-4所示。

表4-4　各设备配置要求规划

| 序号 | 设备 | 主机名 | IP地址 | 安装应用 |
|---|---|---|---|---|
| 1 | webServer | Jan16-web | 192.168.238.201/24 | HTTPD |
| 2 | appServer | Jan16-app | 192.168.238.202/24 | PHP |
| 3 | dataServer | Jan16-data | 192.168.238.203/24 | MariaDB |
| 4 | sshClient | Jan16-ssh | 192.168.238.101/24 | openssh-clients |

（1）分别在4台设备上执行【hostname】命令查看主机名并截图。

（2）分别在4台设备上安装应用并截图。

（3）在 webServer 上使用【ping】命令测试与其他3台设备的连通性并截图。

（4）实现 sshClient 可以通过免输入密码的方式远程登录其他3台设备，并截取免密登录成功的截图。

# 项目 5

## 企业内部数据存储与共享

扫一扫，
看微课

# 学习目标

（1）掌握企业 UOS 服务器实现内部数据存储与共享的方式。

（2）掌握企业 Samba 服务器用户认证方式。

（3）理解企业生产环境下 Samba 服务器配置的标准流程。

# 项目描述

Jan16公司各部门在维护与管理公司的过程中需要填写大量的纸质日志和文档，为方便文档管理，公司决定采用电子文档的方式将日志和文档存放在公司的文件服务器上。

为了解决此问题，公司将在已经安装 UOS 系统的服务器上部署内部数据存储与共享服务器，以实现文件共享。该数据存储与共享服务器的基本信息如表5-1所示。

表5-1　数据存储与共享服务器的基本信息

| 配置名称 | 配置信息 |
| --- | --- |
| 设备名 | JX3261 |
| CPU | 2核心 2线程 |
| 内存 | 2GB |
| 存储 | 100GB |
| 主机名 | fileServer01 |
| IP地址 | 192.168.238.104/24 |

根据工作需要，Jan16公司希望不同部门、不同级别的员工享有不同的资源访问或写入权限，在建设数据存储与共享服务器时，具体需求如下。

（1）设置用于所有员工临时存放和交换文件的公共目录，所有人都能上传和下载公共目录中的文件，但每个人只能删除自己上传的文件，不能删除其他人上传的文件。

（2）设置用于管理部发布各类通知/公告的目录，所有登录用户都可以访问，但只有管理部人员可以上传和删除文件。

（3）设置用于保存与财务相关的文件的目录，只允许财务部人员访问并且只有财务部主管可以上传和删除文件，其他人无访问权限。

项目任务实施拓扑如图5-1所示。

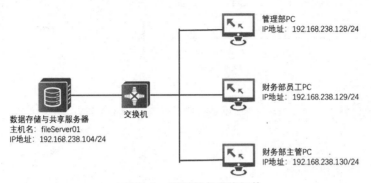

**图5-1　项目任务实施拓扑**

# 项目分析

根据Jan16公司的文件共享需求，运维管理员计划在数据存储与共享服务器fileServer01上部署Samba服务。创建相应的目录作为共享目录，并为各个部门的员工新建Samba登录用户，然后结合Samba中的用户访问权限管理和统信UOS文件系统中的权限管理技术，最终实现员工访问共享文件的权限控制。

综上所述，运维管理员需要完成以下几个任务。

（1）共享文件及权限的配置。

（2）配置Samba服务器的用户共享。

运维管理员对公司部分员工账户信息和文件共享资源的规划如表5-2和表5-3所示。

**表5-2　公司部分员工账户信息规划**

| 员工姓名 | 所属部门 | 用户账户 | 账户所属组 | 用户密码 |
|---|---|---|---|---|
| 张林 | 管理部 | zhanglin | guanli | Jan16@111 |
| 马骏 | 财务部 | majun | caiwu | Jan16@221 |
| 陈锋 | 财务部（主管） | chenfeng | caiwu | Jan16@222 |

表5-3　文件共享资源规划

| 共享名 | 详细路径 | 文件属主 | 文件属组 | 文件权限 | 可读用户 | 可写用户 |
|---|---|---|---|---|---|---|
| 公共 | /share/public | root | root | 1777 | 所有用户 | 所有用户 |
| 管理 | /share/management | root | guanli | 775 | 所有用户 | guanli组 |
| 财务 | /share/financial | chenfeng | caiwu | 750 | caiwu组 | chenfeng |

# 相关知识

## 5.1 UOS文件权限

通过文件权限控制用户对文件的访问。统信UOS文件系统操作简单灵活，易于理解和应用，可以轻松地处理最常见的权限问题。

文件只具有3个应用权限的用户类别。文件归用户所有，通常是创建文件的用户。文件还归单个组所有，通常是归创建该文件的主要用户组所有，但是可以进行更改。可以为所属用户、所属组和系统上非用户和非所属组成员的其他用户设置不同的权限。以用户权限覆盖组权限，从而覆盖其他权限。

统信UOS文件管理只有3种权限：读取、写入和执行。这些权限对访问文件和目录的影响如表5-4所示。

表5-4　权限对访问文件和目录的影响

| 权限 | 对文件的影响 | 对目录的影响 |
|---|---|---|
| r（读取） | 可以读取文件的内容 | 可以列出目录的内容（文件名） |
| w（写入） | 可以更改文件的内容 | 可以创建或删除目录中的任意文件 |
| x（执行） | 可以作为命令执行文件 | 可以访问目录内容（取决于目录中文件的权限） |

与NTFS权限不同，统信UOS权限仅适用于设置了统信UOS权限的目录或文件。目录中的子目录和文件不会自动继承目录的权限，但是，目录的权限可能会有效地阻止对其内容的访问。在每个文件或目录上直接设置统信UOS中的所有权限。

## 5.2 Samba服务

UOS系统中的Samba服务提供了在UNIX/Linux系列操作系统中与Windows通过网络进行资源共享的功能。Samba不仅可以作为独立的服务器共享文件和打印机，还可以集成 Windows Server 的域功能，扮演域控制站（Domain Controller）以及加入 Active Directory 成员。

Samba 提供以下子服务。

（1）SMB：使用 SMB 协议提供文件共享和打印服务。SMB 服务还负责资源锁定和验证连接用户的工作。SMB 服务可利用 systemd 进程进行启动和停止。

（2）nmbd：使用基于 IPv4 的 NetBIOS 协议提供主机名和 IP 解析服务。除名称解析之外，nmbd 服务还允许浏览 SMB 网络查找域、工作组、主机和打印机等信息。

## 5.3 Samba 常用配置文件及参数解析

1. Samba 主配置文件 /etc/samba/smb.conf

（1）全局配置（Global）。

全局配置参数及其作用如表 5-5 所示。

表 5-5　全局配置参数及其作用

| 全局配置参数 | 作用 |
| --- | --- |
| Workgroup=MYGROUP | 设置工作组名称 |
| Server string = Samba Server Version %v | SMB 服务器描述字段，参数 %v 为 SMB 版本号 |
| max connections = 0 | 指定连接 SMB 服务器的最大连接数，若超出连接数目则新的连接请求将被拒绝，0 表示不限制 |
| log file =　/var/log/samba/log.%m | 定义日志文件的存放位置和名称，参数 %m 表示到访的客户端主机名 |
| max log size = 50 | 日志文件的最大容量为 50 KB |
| security = user | Samba 作为独立服务器选项，指定 Samba 服务器使用的安全级别，默认为 user，需要用户名和密码 |
| security = share | 用户访问 SMB 服务器不需要提供用户名和密码，安全性差 |
| security = server | 使用独立的远程主机验证来访主机提供的口令（几种管理账户），如果认证失败，Samba 将使用用户级安全模式作为替代的方式 |
| security = domain | 域安全级别，使用主域控制器（PDC）来完成认证 |
| passdb backend = tdbsam | 设置 Samba 用户密码的存放方式，使用数据库文件来建立用户数据库 |
| passwd backend = smbpasswd | 使用 smbpasswd 命令为系统用户设置 Samba 服务的密码 |
| passwd backend = ldapsam | 基于 ldap 的用户管理方式来验证用户 |
| smb passwd file = /etc/samba/smbpasswd | 定义 Samba 用户的密码文件 |

| 全局配置参数 | 作用 |
| --- | --- |
| load print = yes | 设置Samba服务启动时是否共享打印机设备 |
| cups options = raw | 打印机选项 |

（2）共享配置（Home）。

共享配置参数及其作用如表5-6所示。

表5-6　共享配置参数及其作用

| 共享配置参数 | 作用 |
| --- | --- |
| comment = Home Directories | 用户个人主目录设置 |
| browseable = no | 不允许其他用户浏览个人主目录，考虑安全性，该参数建议设置为禁止 |
| writable = yes | 是否允许写入主目录 |
| create mask = 0700 | 默认创建文件的权限 |
| directory mask = 0700 | 默认创建目录的权限 |
| valid users = %S, %D%w%S | 设置可以访问的用户名单 |
| read only = No | 只允许可读权限，默认为否 |
| path = /usr/local/samba | 实际访问资源的物理路径 |
| guest ok = yes | 匿名用户可以访问 |
| public = yes | 是否允许目录共享，设置yes则表示共享此目录 |
| write list = @user | 拥有读取和写入权限的用户和组（以@开头） |
| printable = yes | 是否允许打印 |

2. /etc/samba/lmhosts

NetBIOS name与主机IP对应列表。Samba启动时会自动获取局域网内的相关信息，一般不进行配置。

3. /etc/samba/smbpasswd

Samba服务器发布共享资源后，客户端访问Samba服务器，需要提交用户名和密码进行身份验证，验证通过后才可以登录。Samba服务为了实现用户身份验证功能，将用户名和密码信息存放在/etc/samba/smbpasswd中，在客户端访问时，将用户提交的资料与smbpasswd中存放的信息进行对比，如果相同，并且Samba服务器其他安全设置允许，客户端与Samba服务器的连接才能成功建立。该文件默认不存在，需要手动创建和配置。

4. /usr/share/doc/samba-<version>

Samba 技术手册，是记录 Samba 服务版本及使用方法的相关文档。

5. 日志文件

Samba 服务的日志文件默认存放在 /var/log/samba 中，其中 Samba 会为每个连接到 Samba 服务器的计算机分别建立日志文件。使用【ls -a /var/log/samba】命令可以查看所有日志文件。

当客户端通过网络访问 Samba 服务器时，会自动添加客户端的相关日志。所以，系统管理员可以根据这些文件来查看用户的访问情况和服务器的运行情况。另外，当 Samba 服务器发生异常时，也可以通过 /var/log/samba 下的日志进行分析。

# 项目实施

## 任务 5-1 　共享文件及权限的配置

**任务规划**

运维管理员已经对服务器进行了初始化操作，为了完成公司内部数据存储与共享服务器的部署，首先需要配置共享文件及权限，根据总体规划，本任务包括以下几个步骤。

（1）创建用户和组。

（2）创建共享目录。

（3）修改共享目录及权限。

**任务实施**

1. 创建用户和组

（1）创建 caiwu 和 guanli 组，代码如下：

```
root@fileServer01:~# groupadd guanli
root@fileServer01:~# groupadd caiwu
```

（2）创建各部门员工账户并为各账户分配所属的组，代码如下：

```
root@fileServer01:~# useradd -M -s /sbin/nologin -g guanli zhanglin
root@fileServer01:~# useradd -M -s /sbin/nologin -g caiwu majun
root@fileServer01:~# useradd -M -s /sbin/nologin -g caiwu chenfeng
```

（3）为各部门员工账户配置密码，代码如下：

```
root@fileServer01:~# passwd zhanglin
新的密码：
重新输入新的密码：
passwd：已成功更新密码
root@fileServer01:~# passwd majun
root@fileServer01:~# passwd chenfeng
```

### 2.创建共享目录

（1）创建具体路径为【/share/public】的目录，代码如下：

```
root@fileServer01:~# mkdir -p /share/public
```

（2）创建具体路径为【/share/management】的目录，代码如下：

```
root@fileServer01:~# mkdir -p /share/management
```

（3）创建具体路径为【/share/financial】的目录，代码如下：

```
root@fileServer01:~# mkdir -p /share/financial
```

### 3.修改共享目录及权限

（1）配置【/share/public】目录权限为1777，代码如下：

```
root@fileServer01:~# chmod 1777 /share/public/
```

（2）配置【/share/management】目录权限为775，并将目录属组设置为guanli组，代码如下：

```
root@fileServer01:~# chmod 775 /share/management
root@fileServer01:~# chgrp guanli /share/management
```

（3）配置【/share/financial】目录权限为750，并将目录属主和属组分别设置为chenfeng组和caiwu组，代码如下：

```
root@fileServer01:~# chmod 750 /share/financial
root@fileServer01:~# chown chenfeng:caiwu /share/financial
```

### 任务验证

（1）在数据存储与共享服务器中切换目录路径为【/share】，并使用【ls -la】命令查看各共享目录的文件权限信息，可以看到文件权限设置成功，代码如下：

```
root@fileServer01:~# cd /share/
root@fileServer01:/share# ls -la
drwxr-xr-x   2 chenfeng caiwu   6 8月 10 12:27 financial
drwxrwxr-x 2 root     guanli  6 8月 10 12:27 management
drwxrwxrwt 2 root     root    6 8月 10 12:27 public
```

（2）在数据存储与共享服务器中使用【cat/etc/passwd】命令查看系统中的所有用户信息，代码如下：

```
root@fileServer01:~# cat /etc/passwd
## 省略显示部分内容 ##
```

```
zhanglin:x:1000:1000::/home/zhanglin:/sbin/nologin
majun:x:1001:1001::/home/majun:/sbin/nologin
chenfeng:x:1002:1001::/home/chenfeng:/sbin/nologin
```

（3）在数据存储与共享服务器中使用【cat/etc/group】命令查看系统中所有组信息，代码如下：

```
root@fileServer01:~# cat /etc/group
## 省略显示部分内容 ##
guanli:x:1001:
caiwu:x:1002:
```

## 任务 5-2　配置 Samba 服务器的用户共享

### 任务规划

在前面的任务中，运维管理员已经创建并设置了共享目录的属主、属组和文件权限等配置信息，为数据存储和共享服务器的部署做了基础准备，接下来运维管理员需要在服务器上部署并配置Samba服务，具体步骤如下。

（1）部署Samba服务。

（2）修改Samba主配置文件参数。

（3）启动Samba服务。

### 任务实施

1.部署Samba服务

通过apt工具安装Samba服务，代码如下：

```
root@fileServer01:~# apt install -y samba
```

2.修改Samba主配置文件参数

（1）通过【vim /etc/samba/smb.conf】命令编辑Samba的主配置文件，修改Samba服务的全局配置参数并添加共享条目配置，代码如下：

```
root@fileServer01:~# vim /etc/samba/smb.conf
[global]
        workgroup = jan16
        netbios name = fileServer01
        security = user
        log file = /var/log/samba/%m.log
        log level = 1
[ 公共 ]
        comment = Public Directory
        path = /share/public
        public = yes
```

```
            writeable = yes
[ 管理 ]
            comment = Management Directory
            path = /share/management
            public = yes
            write list = @guanli
[ 财务 ]
            comment = Financial Directory
            path = /share/financial
            public = no
            valid users = @caiwu
            write list = chenfeng
```

（2）将各部门员工的账户添加到 Samba 数据库并设置密码，代码如下：

```
root@fileServer01:~# smbpasswd -a zhanglin
New SMB password:Jan16@zhanglin
Retype new SMB password: Jan16@zhanglin
Added user zhanglin.
root@fileServer01:~# smbpasswd -a majun
New SMB password: Jan16@majun
Retype new SMB password: Jan16@majun
Added user majun.
root@fileServer01:~# smbpasswd -a chenfeng
New SMB password: Jan16@chenfeng
Retype new SMB password: Jan16@chenfeng
Added user chenfeng.
```

（3）启用添加至 Samba 数据库的账户，代码如下：

```
root@fileServer01:~# smbpasswd -e zhanglin
Enabled user zhanglin.
root@fileServer01:~# smbpasswd -e majun
Enabled user majun.
root@fileServer01:~# smbpasswd -e chenfeng
Enabled user chenfeng.
```

### 3. 启动 Samba 服务

（1）通过【testparm】命令检验 Samba 主配置文件的正确性，代码如下：

```
root@fileServer01:~# testparm
Load smb config files from /etc/samba/smb.conf
……
Loaded services file OK.
Weak crypto is allowed
Server role: ROLE_STANDALONE
……
Press enter to see a dump of your service definitions
```

（2）通过【systemctl】相关命令启动Samba服务，并设置为开机自动启动，代码如下：

```
root@fileServer01:~# systemctl start smbd
root@fileServer01:~# systemctl enable smbd
```

**任务验证**

（1）在公司管理部员工PC1上，使用dnf仓库安装samba-common和smbclient服务。

```
root@PC1:~# apt install -y samba-common smbclient
```

（2）通过【smbclient】命令对Samba共享目录【公共】和【管理】进行测试访问，使用zhanglin账户和对应密码可以成功登录，代码如下：

```
root@PC1:~# smbclient -U zhanglin //192.168.238.104/公共
Enter WORKGROUP\zhanglin's password: Jan16@zhanglin
Try "help" to get a list of possible commands.
smb: \>
smb: \> exit
root@PC1:~# smbclient -U zhanglin //192.168.1.21/ 管理
Enter WORKGROUP\zhanglin's password:
Try "help" to get a list of possible commands.
smb: \>
smb: \> exit
```

（3）使用财务部员工PC访问Samba共享目录，通过majun账户和对应密码可以登录成功，并且查看到【公共】【管理】【财务】3个共享目录，但由于是普通员工，对【管理】和【财务】的目录都无写入权限，因此在写入文件时被拒绝，代码如下：

```
root@caiwu:~# smbclient -U majun //192.168.1.21/ 公共
Enter WORKGROUP\majun's password:
Try "help" to get a list of possible commands.
smb: \>
smb: \> exit
root@caiwu:~# smbclient -U majun //192.168.1.21/ 管理
Enter WORKGROUP\majun's password:
Try "help" to get a list of possible commands.
smb: \> mkdir test
NT_STATUS_ACCESS_DENIED making remote directory \test
root@caiwu:~# smbclient -U majun //192.168.1.21/ 财务
Enter WORKGROUP\majun's password:
Try "help" to get a list of possible commands.
smb: \> mkdir text
NT_STATUS_ACCESS_DENIED making remote directory \text
```

（4）使用财务部主管PC访问Samba共享目录，输入chenfeng账户及对应密码登录，能成功地访问【公共】【管理】【财务】3个共享目录，且能在【财务】目录中写入成功，代码如下：

```
root@caiwu:~# smbclient -U chenfeng //192.168.1.21/ 财务
Enter WORKGROUP\chenfeng's password:
Try "help" to get a list of possible commands.
smb: \> mkdir test
smb: \> ls
  .                              D      0   Tue Oct 19 18:36:03 2021
  ..                             D      0   Tue Oct 19 16:29:34 2021
  test                           D      0   Tue Oct 19 18:36:03 2021

             25152516 blocks of size 1024. 16776080 blocks available
smb: \>exit
```

# 练习与实训

## 一、理论习题

1. UOS 系统的主机中 config 的文件目录权限代码如下，下列说法中正确的是（　　）。

```
drwxr-x--- 2 liming config  4096 Oct  9 09:31 config
```

  A. 此目录的属主是 config

  B. 如果 xiaosan 账户属于 config 组，那么此用户可以前往目录中写入文件

  C. 如果 xiaosi 账户属于 manage 组，那么此用户可以往前目录中写入文件

  D. liming 用户可以在文件夹中写入文件

2. 下列哪一项不是 Samba 的服务？（　　）

  A. smbd    B. nmbd    C. winbindd   D. nmap

3. 下列哪些是 Samba 用户的特点？（　　）

  A. Samba 用户首先是系统用户

  B. 必须为系统用户设置密码

  C. Samba 用户可存储在数据库中

  D. Samba 用户必须能从服务器本地登录

4. Samba 作为独立的服务可用于（　　）。

  A. Linux 与 Windows 进行文件共享

  B. Linux 与 Linux 进行文件共享

  C. UNIX 与 Windows 进行文件共享

  D. 共享网络打印机

## 二、项目实训题

Jan16公司规划在文件共享服务器上新增一个文档归档的共享目录 /share/archive，具体要求如下：

（1）共享名为【归档】。

（2）创建3个用户：user01、user02、user03，设置用户都能以输入用户名+密码的方式登录并上传文件，密码为自定义密码。查看结果并截图。

（3）设置user01 能够查看和删除所有人的文件；user02 只能查看和删除自己的文件，不能查看和删除别人的文件；user03 只能上传文件，不能查看和删除任何文件。验证结果并截图。

（4）限制user02 用户在共享目录中最多能创建3 个文件。验证结果并截图。

（5）其他人不能访问共享目录。验证结果并截图。

# 项目 6

## 部署企业的 DHCP 服务

扫一扫,
看微课

## 学习目标

（1）了解DHCP的概念、应用场景和服务优势。

（2）熟悉DHCP服务的工作原理和应用。

（3）掌握DHCP中继代理服务的原理与应用。

（4）掌握企业网DHCP服务的部署与实施、DHCP服务的日常运维管理。

（5）掌握DHCP常见故障检测与排除的业务实施流程。

## 项目描述

Jan16公司初步建立了企业网络，并将计算机接入企业网。在网络管理中，管理员经常需要为内部计算机配置IP地址、网关、DNS等TCP/IP选项，由于Jan16公司计算机数量较多，并且有大量的移动PC，公司希望能尽快部署一台DHCP服务器，实现企业网计算机IP、DNS、网关等选项的自动配置，以提高网络管理与维护效率。企业网络拓扑如图6-1所示。

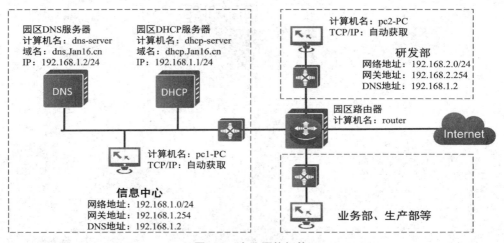

图6-1 企业网络拓扑

DHCP服务器和DNS服务器均部署在信息中心，为有序推进DHCP服务项目部署，公司希望首先在信息中心实现DHCP服务器的部署，待运行稳定后再推行到其他部门，并做好DHCP服务器的日常运维与管理工作。

# 项目分析

客户端IP地址、网关、DNS参数都属于TCP/IP参数，DHCP（Dynamic Host Configuration Protocol，动态主机配置协议）服务专门用于TCP/IP网络中的主机自动分配TCP/IP参数。通过在网络中部署DHCP服务，不仅可以实现客户端TCP/IP参数的自动配置，还能对网络的IP地址进行管理。

公司在部署DHCP服务时，通常先在一个部门做小范围实施，运行成功后再扩展到整个园区，因此本项目可以分解为以下工作任务。

（1）部署DHCP服务，实现信息中心客户端接入局域网。

（2）配置DHCP作用域，实现信息中心客户端访问外部网络。

（3）配置DHCP中继，实现所有部门客户端自动配置网络信息。

（4）DHCP服务器的日常维护与管理。

# 相关知识

## 6.1 DHCP的基本概念

假设Jan16公司共有200台计算机需要配置TCP/IP参数，如果手动配置，每台需要耗时2分钟，一共需要400分钟，若某些TCP/IP参数发生变化，则上述工作将会重新进行。在部署后的一段时间内，如果有一些移动PC需要接入，管理员必须从未被使用的IP参数中分配一些给这些移动PC，但问题是哪些IP参数是未被使用的呢？因此管理员还必须对IP地址进行管理，登记已分配IP参数、未分配IP参数、到期IP参数等IP参数信息。

这种手动配置TCP/IP参数的工作非常烦琐且效率低下，DHCP协议专门用于为TCP/IP网络中的主机自动分配TCP/IP参数。DHCP客户端在初始化网络配置信息（启动操作系统、手动接入网络）时会主动向DHCP服务器请求TCP/IP参数，DHCP服务器收到DHCP客户端的请求信息后，将管理员预设的TCP/IP参数发送给DHCP客户端，DHCP客户端获得相关网络配置信息（IP地址、子网掩码、默认网关等）。

**1. DHCP服务的应用场景**

在实际工作中，通常在下列情况下采用DHCP服务来自动分配TCP/IP参数。

（1）网络中的主机较多，手动配置工作量很大，因此需要采用DHCP服务。

（2）网络中的主机多而IP地址数量不足时，采用DHCP服务能够在一定程度上缓解IP地址不足的问题。

例如，网络中有300台主机，但可用的IP地址只有200个，若采用手动分配方式，则只有200台计算机可接入网络，其余100台将无法接入。在实际工作中，通常300台主机同时接入网络的可能性不大，因为公司实行三班倒制度，不上班的员工计算机并不需要接入网络。在这种情况下，使用DHCP服务恰好可以调节IP地址的使用。

（3）一些PC经常在不同的网络中移动，通过DHCP服务，它们可以在任意网络中自动获得IP地址而无须任何额外的配置，从而满足了移动用户的需求。

**2. 部署DHCP服务的优势**

（1）对于园区网管理员，部署DHCP服务用于给内部网络的众多客户端主机自动分配网络参数，可以提高工作效率。

（2）对于网络服务供应商ISP，部署DHCP服务用于给客户计算机自动分配网络参数。通过DHCP服务，可以简化管理工作，达到中央管理、统一管理的目的。

（3）部署DHCP服务可以在一定程度上缓解IP地址不足的问题。

（4）部署DHCP服务可以方便经常需要在不同网络间移动的主机联网。

## 6.2 DHCP客户端首次接入网络的工作过程

DHCP自动分配网络设备参数是通过租用机制完成的，DHCP客户端首次接入网络时，需要通过和DHCP服务器交互才能获取IP地址租约，IP地址租用分为发现、提供、选择和确认4个阶段，如图6-2所示。

图6-2　DHCP的工作过程

DHCP 4个阶段消息名称及作用如表6-1所示。

表6-1　DHCP 4个阶段消息名称及作用

| 消息名称 | 作用 |
|---|---|
| 发现阶段（DHCP Discover） | DHCP客户端寻找DHCP服务器，请求分配IP地址等网络配置信息 |
| 提供阶段（DHCP Offer） | DHCP服务器回应DHCP客户端请求，提供可被租用的网络配置信息 |
| 选择阶段（DHCP Request） | DHCP客户端租用选择网络中某一台DHCP服务器分配的网络配置信息 |
| 确认阶段（DHCP Ack） | DHCP服务器对DHCP客户端的租用选择进行确认 |

1.发现阶段（DHCP Discover）

当DHCP客户端第一次接入网络并初始化网络参数时（操作系统启动、新安装了网卡、插入网线、启用被禁用的网络连接等），由于客户端没有IP地址，DHCP客户端将发送IP租用请求。因为客户端不知道DHCP服务器的IP地址，所以它将以广播的方式发送DHCP Discover消息。DHCP Discover包含的关键信息如表6-2所示。

表6-2　DHCP Discover 包含的关键信息及其解析

| 关键信息 | 解析 |
|---|---|
| 源MAC地址 | 客户端网卡的MAC地址 |
| 目的MAC地址 | FF:FF:FF:FF:FF:FF（广播地址） |
| 源IP地址 | 0.0.0.0 |
| 目的IP地址 | 255.255.255.255（广播地址） |
| 源端口号 | 68（UDP） |
| 目的端口号 | 67（UDP） |
| 客户端硬件地址标识 | 客户端网卡的MAC地址 |
| 客户端事务ID | 客户端生成的一个随机数 |
| DHCP包类型 | DHCP Discover |

2.提供阶段（DHCP Offer）

DHCP服务器收到客户端发出的DHCP Discover消息后会做出响应，发送一个DHCP Offer消息，并为客户端提供IP地址等网络配置参数。DHCP Offer包含的关键信息如表6-3所示。

表6-3　DHCP Offer 包含的关键信息及其解析

| 关键信息 | 解析 |
| --- | --- |
| 源MAC地址 | DHCP服务器网卡的MAC地址 |
| 目的MAC地址 | FF:FF:FF:FF:FF:FF（广播地址） |
| 源IP地址 | 192.168.1.250 |
| 目的IP地址 | 255.255.255.255（广播地址） |
| 源端口号 | 67（UDP） |
| 目的端口号 | 68（UDP） |
| 提供给客户端的IP地址 | 192.168.1.10 |
| 提供给客户端的子网掩码 | 255.255.255.0 |
| 提供给客户端的网关地址等其他网络配置参数 | Gateway:192.168.1.254 DNS:192.168.1.253 |
| 提供给客户端的IP地址等网络配置参数的租约时间 | （按实际需要，如6小时） |
| 客户端硬件地址标识 | 客户端网卡的MAC地址 |
| 服务器ID | 192.168.1.250（服务器IP） |
| DHCP包类型 | DHCP Offer |

3.选择阶段（DHCP Request）

DHCP客户端收到DHCP服务器的DHCP Offer后，并不会直接将该租约配置在TCP/IP参数上，它还必须向服务器发送一个DHCP Request包以确认租用。DHCP Request包含以下关键信息（DHCP服务器IP：192.168.1.250/24，DHCP客户端IP：192.168.1.10/24），DHCP Request包含的关键信息如表6-4所示。

表6-4　DHCP Request 包含的关键信息及其解析

| 关键信息 | 解析 |
| --- | --- |
| 源MAC地址 | DHCP客户端网卡的MAC地址 |
| 目的MAC地址 | FF:FF:FF:FF:FF:FF（广播地址） |
| 源IP地址 | 0.0.0.0 |
| 目的IP地址 | 255.255.255.255（广播地址） |
| 源端口号 | 68（UDP） |
| 目的端口号 | 67（UDP） |

续表

| 关键信息 | 解析 |
|---------|------|
| 客户端硬件地址标识字段 | 客户端网卡的MAC地址 |
| 客户端请求的IP地址 | 192.168.1.10 |
| 服务器ID | 192.168.1.250 |
| DHCP包类型 | DHCP Request |

4.确认阶段（DHCP Ack）

DHCP服务器在收到DHCP客户端发送的DHCP Request消息后，将通过向DHCP客户端发送DHCP Ack消息，来完成IP地址租约的签订，DHCP客户端在收到DHCP Ack消息后即可使用DHCP服务器提供的IP地址等网络配置信息完成TCP/IP参数的配置。DHCP Ack包含的关键信息如表6–5所示。

表6–5　DHCP Ack 包含的关键信息及其解析

| 关键信息 | 解析 |
|---------|------|
| 源MAC地址 | DHCP服务器网卡的MAC地址 |
| 目的MAC地址 | FF:FF:FF:FF:FF:FF（广播地址） |
| 源IP地址 | 192.168.1.250 |
| 目的IP地址 | 255.255.255.255（广播地址） |
| 源端口号 | 67（UDP） |
| 目的端口号 | 68（UDP） |
| 提供给客户端的IP地址 | 192.168.1.10 |
| 提供给客户端的子网掩码 | 255.255.255.0 |
| 提供给客户端的网关地址等其他网络配置参数 | Gateway:192.168.1.254 DNS: 192.168.1.253 |
| 提供给客户端的IP地址等网络配置参数的租约时间 | （按实际） |
| 客户端硬件地址标识 | 客户端网卡的MAC地址 |
| 服务器ID | 192.168.1.250（服务器IP） |
| DHCP包类型 | DHCP Ack |

DHCP客户端收到服务器发出的DHCP Ack消息后，会将该消息中提供的IP地址和其他相关TCP/IP参数与自己的网卡绑定，至此，DHCP客户端获得IP地址租约并接入网络。

## 6.3 DHCP客户端IP地址租约的更新

1. DHCP客户端持续在线时进行IP地址租约更新

DHCP客户端获得IP地址租约后，必须定期更新租约，否则当租约到期时，将不能再使用此IP地址。每当租用时间到达租约时间的50%和87.5%时，客户端将发出DHCP Request消息，向DHCP服务器请求更新租约。

（1）在当期租约已使用50%时，DHCP客户端将以单播方式直接向DHCP服务器发送DHCP Request消息，如果客户端接收到该服务器回应的DHCP Ack消息（单播方式），客户端就根据DHCP Ack消息中所提供的新的租约更新TCP/IP参数，IP地址租用更新完成。

（2）若在租约已使用50%时未能成功更新IP地址租约，则客户端将在租约已使用87.5%时以广播方式发送DHCP Request消息，收到DHCP Ack消息就更新租约，若未收到服务器回应，则客户端可以继续使用现有的IP地址。

（3）若直到当前租约到期仍未完成续约，则DHCP客户端将以广播方式发送DHCP Discover消息，重新开始4个阶段的IP地址租用过程。

2. DHCP客户端重新启动时进行IP地址租约更新

客户端重启后，若租约已经到期，则客户端将重新开始4个阶段的IP地址租用过程。

若租约未到期，则通过广播方式发送DHCP Request消息，DHCP服务器查看该客户端IP是否已经租用给其他客户，若未租用给其他客户，则发送DHCP Ack消息使客户端完成续约；若已经租用给其他客户，则该客户端必须重新开始4个阶段的IP地址租用过程。

## 6.4 DHCP客户端租用失败的自动配置

DHCP客户端在发出IP地址租用请求的DHCP Discover广播包后，将花费1秒的时间等待DHCP服务器的回应，如果等待1秒后没有收到服务器的回应，它会将这个广播包重新广播4次（以2秒、4秒、8秒和16秒为间隔，加上1~1000毫秒随机长度的时间）。4次广播之后，若仍然没有收到服务器的回应，则将在169.254.0.0/16网段内随机选择一个IP地址作为自己的TCP/IP参数。

**注意：**

以169.254开头的IP地址（自动私有IP地址）是DHCP客户端申请IP地址失败

后由自己随机生成的IP地址,使用自动私有IP地址可以使得当DHCP服务不可用时,DHCP客户端之间仍然可以利用该地址通过TCP/IP协议实现相互通信。以169.254开头的网段地址是私有IP地址网段,以它开头的IP地址数据包不能够也不可能在Internet上出现。

DHCP客户端是怎样确定配置某个未被占用的以169.254开头的IP地址的呢?它利用ARP广播来确定自己所挑选的IP地址是否已经被网络上的其他设备使用,如果发现该IP地址已经被使用,那么客户端会再随机生成另一个以169.254开头的IP地址重新测试,直到成功获取配置信息。

## 6.5 DHCP中继代理服务

大型园区网络中存在多个物理网络,也就对应着存在多个逻辑网段(子网),那么园区内的计算机是如何实现IP地址租用的呢?

从DHCP的工作原理可以知道,DHCP客户端实际上是通过发送广播消息与DHCP服务器通信的,DHCP客户端获取IP地址的4个阶段都依赖于广播消息的双向传播。而广播消息是不能跨越子网的,难道DHCP服务器就只能为网卡直连的广播网络服务吗?如果DHCP客户端和DHCP服务器在不同的子网内,客户端还能不能向服务器申请IP地址呢?

DHCP客户端基于局域网广播方式寻找DHCP服务器以便租用IP地址,路由器具有隔离局域网广播的功能,因此在默认情况下,DHCP服务只能在自己所在的网段内提供IP地址租用服务。如果想让一个多局域网的网络通过DHCP服务器实现IP自动分配,可以采用以下两种方法。

方法1:在每个局域网各部署一台DHCP服务器。

方法2:路由器可以和DHCP服务器通信,如果路由器可以代为转发客户端的DHCP请求包,那么网络中只需要部署一台DHCP服务器就可以为多个子网提供IP租用服务。

对于方法1,企业将需要额外部署多台DHCP服务器;对于方法2,企业可以利用现有的基础架构实现相同的功能,显然更可取。

DHCP中继代理实际上是一种软件技术,安装了DHCP中继代理的计算机称为DHCP中继代理服务器,它承担不同子网间DHCP客户端和DHCP服务器的通信任务。中继代理负责转发不同子网间客户端和服务器之间的DHCP/BOOTP消息。简言之，中继代理就是 DHCP 客户端与 DHCP 服务器通信的中介：中继代理接收到 DHCP 客户端的广播请求消息后，将请求信息以单播的方式转发给 DHCP 服务器，同时，它也接收 DHCP 服务器的单播回应消息，并以广播的方式将其转发给 DHCP 客户端。

通过 DHCP 中继代理，使得 DHCP 服务器与 DHCP 客户端的通信可以突破直连网段的限制，达到跨子网通信的目的。除配置了 DHCP 中继代理服务的计算机外，大部分路由器都支持 DHCP 中继代理功能，可以实现代为转发 DHCP 请求包（方法2），因此，通过 DHCP 中继服务可以实现在公司内仅部署一台 DHCP 服务器为多个局域网提供 IP 地址租用服务。

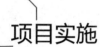

## 项目实施

### 任务 6-1　部署 DHCP 服务，实现信息中心客户端接入局域网

**任务规划**

信息中心拥有 20 台计算机，网络管理员希望通过配置 DHCP 服务器实现客户端自动配置 IP 地址，实现计算机之间的相互通信，公司网络地址为 192.168.1.0/24，可分配给客户端的 IP 地址范围为 192.168.1.10~192.168.1.200，信息中心网络拓扑如图 6-3 所示。

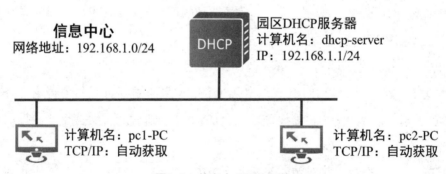

图6-3　信息中心网络拓扑

本任务将在一台 UOS 服务器上安装【DHCP 服务器】角色和功能，将其设为 DHCP 服务器，并通过配置 DHCP 服务器和客户端实现信息中心 DHCP 服务的部署，具体可以通过以下几个步骤来完成。

（1）为服务器配置静态 IP 地址。

（2）在服务器上安装【DHCP服务器】角色和功能。

（3）为信息中心创建并启用DHCP作用域。

**任务实施**

1.在服务器上安装【DHCP服务】角色和功能

使用dnf仓库安装dhcp服务，代码如下：

```
root@dhcp-server:~# apt install -y isc-dhcp-server
```

2. 为服务器配置静态IP地址

DHCP服务作为网络基础服务之一，它要求使用固定的IP地址。因此，需要按网络拓扑为DHCP服务器配置静态IP地址。

使用【nmcli】命令配置网卡ens33的IP地址，代码如下：

```
root@dhcp-server:~# nmcli connection modify 有线连接 con-name ens33 connection.autoconnect yes
root@dhcp-server:~# nmcli connection modify ens33 ipv4.addresses 192.168.1.1/24 ipv4.method manual
root@dhcp-server:~# nmcli connection up ens33
root@dhcp-server:~# systemctl restart NetworkManager
root@dhcp-server:~# ip address show ens33
2: ens33: <BROADCAST,MULTICAST,UP,LOWER_UP> mtu 1500 qdisc pfifo_fast state UP group default qlen 1000
    link/ether 00:0c:29:b2:b4:a8 brd ff:ff:ff:ff:ff:ff
    inet 192.168.1.1/24 brd 192.168.1.255 scope global noprefixroute ens33
       valid_lft forever preferred_lft forever
    inet6 fe80::f44b:8692:105b:804e/64 scope link noprefixroute
       valid_lft forever preferred_lft forever
```

3.为信息中心创建并启用DHCP作用域

（1）DHCP作用域的基本概念。

DHCP作用域是本地逻辑子网中可使用的IP地址集合。例如，192.168.1.2/24 ~ 192.168.1.253/24。DHCP服务器只能将作用域中定义的IP地址分配给DHCP客户端，因此，必须创建作用域才能让DHCP服务器分配IP地址给DHCP客户端，也就是说，必须创建并启用DHCP作用域，DHCP服务才开始工作。

在局域网环境中，DHCP的作用域就是自己所在子网的IP地址集合，如本任务所要求的IP地址范围192.168.1.10~192.168.1.200。本网段的客户端将通过自动获取IP地址的方式来租用该作用域中的一个IP地址并配置在本地连接上，从而使DHCP客户端拥有一个合法IP地址并和内外网相互通信。

DHCP作用域的相关属性如下。

- 作用域名称：在创建作用域时指定的作用域标识，在本项目中，可以使用"部门+网络地址"作为作用域名称。

- IP地址范围：作用域中可用于给客户端分配的IP地址范围。

- 子网掩码：指定IP的网络地址。

- 租用期：客户端租用IP地址的时长。

- 作用域选项：是指除IP地址范围、子网掩码及租用期以外的网络配置参数，如默认网关、DNS服务器IP地址等。

- 保留：指为一些主机分配固定的IP地址，这些IP地址将固定分配给这些主机，使得这些主机租用的IP地址始终不变。

（2）配置DHCP作用域。

在本任务中，信息中心可分配的IP地址范围为192.168.1.10~192.168.1.200，配置DHCP作用域的步骤如下。

①将监听端口修改为对应网卡，代码如下：

```
root@dhcp-server:~# vim /etc/default/isc-dhcp-server
INTERFACESv4="ens33"
```

②由于刚安装好的DHCP服务器内的配置文件是空白的，所以无法启动DHCP服务，查看/etc/dhcp/dhcpd.conf默认配置文件，代码如下：

```
root@dhcp-server:~# cat /etc/dhcp/dhcpd.conf
# dhcpd.conf
#
# Sample configuration file for ISC dhcpd
#
# option definitions common to all supported networks...
```

③参考模板样式/usr/share/doc/isc–dhcp–server/examples/dhcpd.conf.example制作/etc/dhcp/dhcpd. conf配置文件，分配的IP地址为192.168.1.0，可分配的IP地址为192.168.1.10~192.168.1.200，默认的租约时间为24小时，最大的租约时间为48小时。写入完成后保存配置，代码如下：

```
root@dhcp-server:~# vim /etc/dhcp/dhcpd.conf
subnet 192.168.1.0 netmask 255.255.255.0{
    range 192.168.1.10 192.168.1.200;
    default-lease-time 86400;
    max-lease-time 172800;
}
```

4. 使用【dhcpd】命令检查语法

使用【dhcpd】命令检查语法是否正确，确认无误后重启DHCP服务，再查看服务的运行状态，配置代码如下：

```
root@dhcp-server:~# dhcpd -t -cf /etc/dhcp/dhcpd.conf
Internet Systems Consortium DHCP Server 4.4.1
```

```
Copyright 2004-2018 Internet Systems Consortium.
All rights reserved.
For info, please visit https://www.isc.org/software/dhcp/
Config file: /etc/dhcp/dhcpd.conf
Database file: /var/lib/dhcp/dhcpd.leases
PID file: /var/run/dhcpd.pid
root@dhcp-server:~# systemctl restart isc-dhcp-server
root@dhcp-server:~# systemctl status isc-dhcp-server
● isc-dhcp-server.service - LSB: DHCP server
   Loaded: loaded (/etc/init.d/isc-dhcp-server; generated)
   Active: active (running) since Mon 2021-08-09 15:46:48 CST; 5min ago
     Docs: man:systemd-sysv-generator(8)
  Process: 7656 ExecStart=/etc/init.d/isc-dhcp-server start (code=exited, status=0/SUCCESS)
    Tasks: 1 (limit: 2290)
   Memory: 6.8M
   CGroup: /system.slice/isc-dhcp-server.service
           └─7669 /usr/sbin/dhcpd -4 -q -cf /etc/dhcp/dhcpd.conf ens33

8 月 09 15:46:46 jan16-PC dhcpd[7669]: Wrote 0 leases to leases file.
8 月 09 15:46:46 jan16-PC dhcpd[7669]: Server starting service.
8 月 09 15:46:48 jan16-PC isc-dhcp-server[7656]: Starting ISC DHCPv4 server: dhcpd.
8 月 09 15:46:48 jan16-PC systemd[1]: Started LSB: DHCP server.
8 月 09 15:51:45 jan16-PC dhcpd[7669]: DHCPREQUEST for 192.168.1.129 from 00:0c:29:9e:76:94 via ens33
8 月 09 15:51:45 jan16-PC dhcpd[7669]: ns1.example.org: host unknown.
8 月 09 15:51:45 jan16-PC dhcpd[7669]: ns2.example.org: host unknown.
8 月 09 15:51:45 jan16-PC dhcpd[7669]: DHCPACK on 192.168.1.129 to 00:0c:29:9e:76:94 (DESKTOP-4HPEA1N
8 月 09 15:51:47 jan16-PC dhcpd[7669]: DHCPREQUEST for 192.168.1.128 from 00:0c:29:90:14:53 via ens33
8 月 09 15:51:47 jan16-PC dhcpd[7669]: DHCPACK on 192.168.1.128 to 00:0c:29:90:14:53 (DESKTOP-GRD0JR6
```

**任务验证**

配置 DHCP 客户端并验证 IP 地址租用是否成功。

（1）通过客户端命令进行验证。在客户端打开终端，执行【ip address show ens33】命令，可以看到客户端自动配置的 IP 地址、子网掩码等信息，代码如下：

```
root@pc1-PC:~# ip address show ens33
2:ens33: <BROADCAST,MULTICAST,UP,LOWER_UP> mtu 1500 qdisc pfifo_fast state UP group default qlen 1000
    link/ether 00:0c:29:07:a7:46 brd ff:ff:ff:ff:ff:ff
    inet 192.168.1.11/24 brd 192.168.1.255 scope global dynamic noprefixroute ens33
       valid_lft 8225sec preferred_lft 8225sec
    inet6 fe80::62fd:e7ff:a0f3:42af/64 scope link noprefixroute
       valid_lft forever preferred_lft forever
```

（2）通过 DHCP 服务管理器进行验证，查看 DHCP 服务的状态，可以查看客户端向服务器请求的 IP 地址和已租用给客户端的 IP 地址租约，代码如下：

```
root@dhcp-server:~# systemctl status isc-dhcp-server
● ● isc-dhcp-server.service - LSB: DHCP server
  Loaded: loaded (/etc/init.d/isc-dhcp-server; generated)
  Active: active (running) since Mon 2021-08-09 18:46:49 CST; 1s ago
    Docs: man:systemd-sysv-generator(8)
 Process: 12370 ExecStart=/etc/init.d/isc-dhcp-server start (code=exited, status=0/SUCCESS)
   Tasks: 1 (limit: 2290)
  Memory: 7.9M
  CGroup: /system.slice/isc-dhcp-server.service
          └─12383 /usr/sbin/dhcpd -4 -q -cf /etc/dhcp/dhcpd.conf ens33

8 月 09 18:46:46 jan16-PC systemd[1]: Starting LSB: DHCP server...
8 月 09 18:46:46 jan16-PC isc-dhcp-server[12370]: Launching IPv4 server only.
8 月 09 18:46:47 jan16-PC dhcpd[12383]: Wrote 5 leases to leases file.
8 月 09 18:46:47 jan16-PC dhcpd[12383]: Server starting service.
8 月 09 18:46:49 jan16-PC isc-dhcp-server[12370]: Starting ISC DHCPv4 server: dhcpd.
8 月 09 18:46:49 jan16-PC systemd[1]: Started LSB: DHCP server.
```

（3）客户端PC2，自动获取IP地址和其他内容，代码如下：

```
root@pc2-PC:~# ip address show ens33
2: ens33: <BROADCAST,MULTICAST,UP,LOWER_UP> mtu 1500 qdisc pfifo_fast state UP group default qlen 1000
    link/ether 00:0c:29:87:94:43 brd ff:ff:ff:ff:ff:ff
    inet 192.168.1.12/24 brd 192.168.1.255 scope global dynamic noprefixroute ens33
       valid_lft 8585sec preferred_lft 8585sec
    inet6 fe80::34af:dcac:8e40:3151/64 scope link noprefixroute
       valid_lft forever preferred_lft forever
```

## 任务 6-2　配置 DHCP 作用域，实现信息中心客户端访问外部网络

**任务规划**

任务6-1中实现了客户端IP地址的自动配置，解决了客户端和服务器之间的相互通信，但是客户端不能访问外部网络。经检测，客户端无法访问外网的原因为未配置网关和DNS，因此，公司希望DHCP服务器能为客户端自动配置网关和DNS，实现客户端与外网的通信，信息中心网络拓扑如图6-4所示。

DHCP服务器不仅可以为客户端配置IP地址、子网掩码，还可以为客户端配置网关、DNS地址等信息。网关是客户端访问外网的必要条件，DNS是客户端解析网络域名的必要条件，因此只有配置了网关和DNS才能解决客户端与外网通信的问题。那么关于网关和DNS的自动配置就有必要先了解一下作用域选项和服务器选项了。

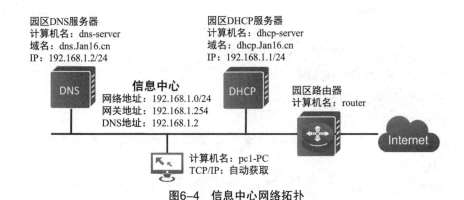

图6-4　信息中心网络拓扑

作用域/服务器选项用于为DHCP客户端配置TCP/IP的网关、DNS。在DHCP作用域的配置中，只有配置了作用域选项或服务器选项，客户端才能自动配置网关和DNS地址。

**任务实施**

配置DHCP服务器。

（1）使用【vim】命令配置DHCP服务的配置文件，为客户端指定默认网关添加【option routers {网关IP地址}】，以及为客户端指定DNS服务器的IP地址【option domain-name-servers {DNS服务器IP地址}】。

```
root@dhcp-server:~# vim /etc/dhcp/dhcpd.conf
subnet 192.168.1.0 netmask 255.255.255.0{
    range 192.168.1.10 192.168.1.200;
    option routers 192.168.1.254;                    ## 为客户端指定默认网关 IP 地址
    option domain-name-servers 192.168.1.2;          ## 为客户端指定默认 DNS 服务器 IP 地址
    default-lease-time 86400;
    max-lease-time 172800;
}
```

（2）配置完成后，检查配置文件语法是否正确并重启DHCP服务，代码如下：

```
root@dhcp-server:~# dhcpd -t -cf /etc/dhcp/dhcpd.conf
Internet Systems Consortium DHCP Server 4.3.6
Copyright 2004-2017 Internet Systems Consortium.
All rights reserved.
For info, please visit https://www.isc.org/software/dhcp/
ldap_gssapi_principal is not set,GSSAPI Authentication for LDAP will not be used
Not searching LDAP since ldap-server, ldap-port and ldap-base-dn were not specified in the config file
Config file: /etc/dhcp/dhcpd.conf
Database file: /var/lib/dhcpd/dhcpd.leases
PID file: /var/run/dhcpd.pid
Source compiled to use binary-leases
[root@Jan16 ~]#systemctl restart isc-dhcp-server
```

在客户端上验证 DNS 和网关是否成功获取。

（1）重新启用/禁用 ens33 网卡，代码如下：

```
root@pc1-PC:~# nmcli connection down ens33
root@pc1-PC:~# nmcli connection up ens33
```

（2）获取 IP 地址后，使用【nmcli】命令查看网关和 DNS 服务器的 IP 地址是否成功获取，代码如下：

```
root@pc1-PC:~# nmcli device show ens33
【... 省略显示部分内容 ...】
IP4.ADDRESS[1]:                        192.168.1.12/24
IP4.GATEWAY:                           192.168.1.254
IP4.ROUTE[1]:                          dst = 0.0.0.0/0, nh = 192.168.1.254, mt = 20100
IP4.ROUTE[2]:                          dst = 192.168.1.0/24, nh = 0.0.0.0, mt = 100
IP4.DNS[1]:                            192.168.1.2
【... 省略显示部分内容 ...】
```

（3）查看 resolv 文件，代码如下：

```
root@pc1-PC:~# cat /etc/resolv.conf
# Generated by NetworkManager
nameserver 192.168.1.2
```

（4）在客户端 PC2 上，使用同样的方法，验证是否能够成功获取完整的信息，并且信息无误，代码如下：

```
root@pc2-PC:~# nmcli connection down ens33
root@pc2-PC:~# nmcli connection up ens33
```

```
GENERAL.DEVICE:                        ens33
【... 省略显示部分内容 ...】
IP4.ADDRESS[1]:                        192.168.1.11/24
IP4.GATEWAY:                           192.168.1.254
IP4.ROUTE[1]:                          dst = 0.0.0.0/0, nh = 192.168.1.254, mt = 20100
IP4.ROUTE[2]:                          dst = 192.168.1.0/24, nh = 0.0.0.0, mt = 100
IP4.DNS[1]:                            192.168.1.2
【... 省略显示部分内容                  】
```

```
root@pc2-PC:~# cat /etc/resolv.conf
# Generated by NetworkManager
nameserver 192.168.1.2
```

## 任务 6-3　配置 DHCP 中继，实现所有部门客户端自动配置网络信息

### 任务规划

任务 6-2 通过部署 DHCP 服务，实现了信息中心客户端 IP 地址自动配置，并能正

常访问信息中心和外部网络, 提高了信息中心 IP 地址的分配与管理效率。

为此, 公司要求网络管理员尽快为公司其他部门部署 DHCP 服务, 实现全公司 IP 地址的自动分配与管理。第一个需要部署的部门是研发部, 其网络拓扑如图 6-5 所示。

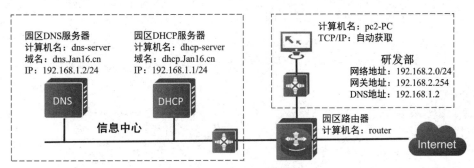

**图6-5  研发部网络拓扑**

DHCP 客户端在工作时是通过广播方式同 DHCP 服务器通信的, 若 DHCP 客户端和 DHCP 服务器不在同一网段中, 则必须在路由器上部署 DHCP 中继功能, 以实现 DHCP 客户端通过 DHCP 中继服务自动获取 IP 地址。

因此, 本任务需要在 DHCP 服务器上部署与研发部匹配的作用域, 并在路由器上配置 DHCP 中继服务来实现研发部客户端的 DHCP 服务部署, 具体步骤如下:

（1）在 DHCP 服务器上为研发部配置 DHCP 作用域。

（2）在路由器上配置 DHCP 中继服务。

**任务实施**

1. 在 DHCP 服务器上为研发部配置 DHCP 作用域

（1）修改 DHCP 服务的配置文件, 加入为研发部配置的作用域, 可分配的 IP 地址范围为 192.168.2.10~192.168.2.200, DNS 服务器的 IP 地址为 192.168.1.2, 网关 IP 地址为 192.168.2.254, 代码如下:

```
root@dhcp-server:~# vim /etc/dhcp/dhcpd.conf
subnet 192.168.1.0 netmask 255.255.255.0{
    range 192.168.1.10 192.168.1.200;
    option routers 192.168.1.254;
    option domain-name-servers 192.168.1.2;
    default-lease-time 86400;
    max-lease-time 172800;
}

## 添加如下内容后, 保存退出
subnet 192.168.2.0 netmask 255.255.255.0{
    range 192.168.2.10 192.168.2.200;
```

```
        option routers 192.168.2.254;
        option domain-name-servers 192.168.1.2;
        default-lease-time 86400;
        max-lease-time 172800;
}
```

（2）修改完配置文件后，重启DHCP服务，代码如下：

```
root@dhcp-server:~# systemctl restart isc-dhcp-server
```

（3）配置主DHCP服务器的IP地址为192.168.1.1/24，网关的对应IP地址为192.168.1.254，代码如下：

```
root@dhcp-server:~# nmcli connection modify ens33 ipv4.addresses 192.168.1.1/24 ipv4.gateway 192.168.1.254
root@dhcp-server:~# nmcli connection reload ens33
root@dhcp-server:~# nmcli connection up ens33
```

### 2.在路由器上配置DHCP中继服务

（1）使用【apt】命令安装isc-dhcp-relay服务。

```
root@router:~# apt install -y isc-dhcp-relay
```

安装过程中会提示配置DHCP Server的IP地址、监听的网卡名称、启动选项3项配置，其中监听的网卡名称和启动选项字段留空，或在/etc/default/isc-dhcp-relay文件中修改，如图6-6至图6-8所示。

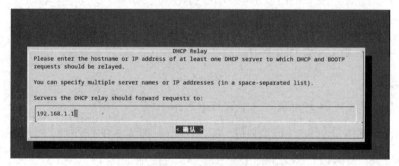

图6-6　IP地址配置

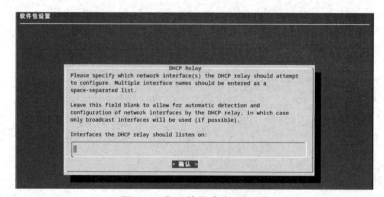

图6-7　监听的网卡名称配置

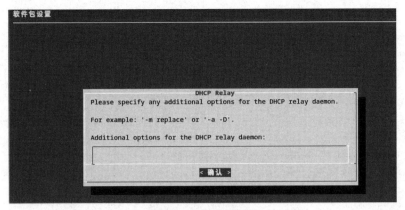

图6-8　启动选项配置

（2）重启服务，代码如下：

```
root@router:~# systemctl restart isc-dhcp-relay
```

（3）在安装完成后，即可使用【dhcrelay】命令开启 DHCP 中继服务，代码如下：

```
root@router:~# dhcrelay 192.168.1.1
Internet Systems Consortium DHCP Relay Agent 4.4.1
Copyright 2004-2018 Internet Systems Consortium.
All rights reserved.
For info, please visit https://www.isc.org/software/dhcp/
Listening on  LPF/ens38/00:0c:29:6e:b0:d9
Sending on    LPF/ens38/00:0c:29:6e:b0:d9
Listening on LPF/ens33/00:0c:29:6e:b0:cf
Sending on    LPF/ens33/00:0c:29:6e:b0:cf
Sending on    Socket/fallback
```

（4）为 DHCP 中继服务器配置 IP 地址，与 DHCP 服务器处于同一网段的网卡 ens33，IP 地址为 192.168.1.254/24，与客户端处于同一网段的网卡 ens38，IP 地址为 192.168.2.254/24，使用【nmcli】命令进行配置，代码如下：

```
root@router:~# nmcli connection modify 0c9e3876-a9a1-1436-a263-0b80bc62b83a con-name ens33 connection.autoconnect
yes
root@router:~# nmcli connection modify ens33 ipv4.addresses 192.168.1.254/24 ipv4.method manual
root@router:~# nmcli connection up ens33
连接已成功激活（D-Bus 活动路径：/org/freedesktop/NetworkManager/ActiveConnection/8）
root@router:~# nmcli connection modify 99c62dbb-6bd0-e8cc-fdfe-cb41c5259bc1 con-name ens38 connection.autoconnect
yes
root@router:~# nmcli connection add type ethernet ifname ens38 con-name ens38 ipv4.method manual ipv4.addresses
192.168.2.254/24
root@router:~# nmcli connection up ens38
连接已成功激活（D-Bus 活动路径：/org/freedesktop/NetworkManager/ActiveConnection/9）
```

（5）查看设备连接情况并查看IP地址是否已经正确配置，代码如下：

```
root@router:~# nmcli connection show
NAME      UUID                            TYPE      DEVICE
有线连接  99c62dbb-6bd0-e8cc-fdfe-cb41c5259bc1  ethernet  ens38
ens33     0c9e3876-a9a1-1436-a263-0b80bc62b83a  ethernet  ens33
root@router:~# ip address show
2: ens33: <BROADCAST,MULTICAST,UP,LOWER_UP> mtu 1500 qdisc pfifo_fast state UP group default qlen 1000
    link/ether 00:0c:29:6e:b0:cf brd ff:ff:ff:ff:ff:ff
    inet 192.168.1.254/24 brd 192.168.1.255 scope global noprefixroute ens33
       valid_lft forever preferred_lft forever
    inet6 fe80::f6be:752:fc10:92d/64 scope link noprefixroute
       valid_lft forever preferred_lft forever
【... 省略显示部分内容 ...】
3: ens38: <BROADCAST,MULTICAST,UP,LOWER_UP> mtu 1500 qdisc pfifo_fast state UP group default qlen 1000
    link/ether 00:0c:29:6e:b0:d9 brd ff:ff:ff:ff:ff:ff
    inet 192.168.2.254/24 brd 192.168.2.255 scope global noprefixroute ens38
       valid_lft forever preferred_lft forever
    inet6 fe80::e29:1ad0:1f12:588a/64 scope link noprefixroute
       valid_lft forever preferred_lft forever
【... 省略显示部分内容 ...】
```

（6）在DHCP中继服务器内开启路由功能。在配置文件内加入【net.ipv4.ip_forward = 1】，代码如下：

```
root@router:~# vim /etc/sysctl.conf
# sysctl settings are defined through files in
# /usr/lib/sysctl.d/, /run/sysctl.d/, and /etc/sysctl.d/.
#
# Vendors settings live in /usr/lib/sysctl.d/.
# To override a whole file, create a new file with the same in
# /etc/sysctl.d/ and put new settings there. To override
# only specific settings, add a file with a lexically later
# name in /etc/sysctl.d/ and put new settings there.
#
# For more information, see sysctl.conf(5) and sysctl.d(5).
## 写入如下内容后保存退出
net.ipv4.ip_forward = 1
```

（7）使用【sysctl-p】命令使得配置马上生效，代码如下：

```
root@router:~# sysctl -p
net.ipv4.ip_forward = 1
```

**任务验证**

配置DHCP客户端并验证IP地址是否自动配置完成。

（1）查看客户端的IP地址。启用/禁用网卡，查看DHCP中继服务是否配置成功，代码如下：

```
root@pc2-PC:~# nmcli connection down ens33
root@pc2-PC:~# nmcli connection up ens33
root@pc2-PC:~# nmcli device show ens33
【 ... 省略显示部分内容 ... 】
IP4.ADDRESS[1]:              192.168.2.10/24
IP4.GATEWAY:                 192.168.2.254
IP4.ROUTE[1]:        dst = 192.168.2.0/24, nh = 0.0.0.0, mt = 0
IP4.ROUTE[2]:        dst = 0.0.0.0/0, nh = 192.168.2.254, mt = 0
IP4.DNS[1]:                  192.168.1.2
【 ... 省略显示部分内容 ... 】
```

（2）使用【cat】命令查看【resolv.conf】文件，代码如下：

```
root@pc2-PC:~# cat /etc/resolv.conf
# Generated by NetworkManager
nameserver 192.168.1.2
```

## 任务 6-4　DHCP 服务器的日常运维与管理

### 任务规划

DHCP 服务器运行一段时间后，公司员工反映现在接入网络变得简单快捷了，用户体验很好。DHCP 服务已经成为企业基础网络架构的重要服务之一，因此，希望网络部门能对该服务做日常监控与管理，务必保障该服务的可用性。

提高 DHCP 服务器的可用性一般通过以下两种途径：

（1）在日常网络运维中对 DHCP 服务器进行监控，查看 DHCP 服务器是否正常工作。

（2）定期对 DHCP 服务器配置进行备份，一旦该服务出现故障，可通过备份快速还原。

### 任务实施

1. 使用 systemctl status isc-dhcp-server 命令查看服务状态

确保服务处于 active (running) 状态，后续可安装 Zabbix 对服务器进行实时监控，代码如下：

```
root@dhcp-server:~# systemctl status isc-dhcp-server
● isc-dhcp-server.service - LSB: DHCP server
    Loaded: loaded (/etc/init.d/isc-dhcp-server; generated)
    Active: active (running) since Tue 2021-08-10 17:57:41 CST; 9min ago
      Docs: man:systemd-sysv-generator(8)
   Process: 11220 ExecStart=/etc/init.d/isc-dhcp-server start (code=exited, status=0/SUCCESS)
     Tasks: 1 (limit: 2290)
    Memory: 8.7M
    CGroup: /system.slice/isc-dhcp-server.service
            └─11233 /usr/sbin/dhcpd -4 -q -cf /etc/dhcp/dhcpd.conf ens33
```

**2. DHCP 服务器的备份**

对 UOS 系统下的 DHCP 服务器进行备份，只需要将配置文件保存下来即可，可以创建定时任务进行备份，备份的要求为将配置文件保存在 /backup/dhcp 目录下，每周日进行一次备份，备份的格式为文件名称后加备份时间，文件的后缀为 .bak，代码如下：

```
root@dhcp-server:~# crontab -e
* * * * 0 mkdir -p /backup/dhcp/
* * * * 0 cp /etc/dhcp/dhcpd.conf /backup/dhcp/dhcpd.conf_$(date +\%Y\%m\%d).bak
root@dhcp-server:~# crontab -l
* * * * 0 mkdir -p /backup/dhcp/
* * * * 0 cp /etc/dhcp/dhcpd.conf /backup/dhcp/dhcpd.conf_$(date +\%Y\%m\%d).bak
```

**3. DHCP 服务器的还原**

如果 DHCP 服务器出现故障，可采用 DHCP 的 Failover 协议实施 DHCP 热备份。采用 DHCP 的 Failover 协议实施 DHCP 热备份具有以下优点：

（1）一台服务器故障不影响正常的 DHCP 服务，可以将故障机下线维修好后再上线。

（2）单台服务器故障对用户没有任何影响。

（3）此方案采用双机热备份，负载相对可以均衡地分布在两台服务器上，因此可以更好地应对严重的 DHCP 攻击等突发事件。

**4. 查询语法格式**

在书写 DHCP 配置文件时，出现语法错误后 DHCP 服务是无法正常启动的，可以使用 DHCP 内的命令查找语法错误，代码如下：

```
root@dhcp-server:~# dhcpd -t -cf /etc/dhcp/dhcpd.conf
Internet Systems Consortium DHCP Server 4.4.1
Copyright 2004-2018 Internet Systems Consortium.
All rights reserved.
For info, please visit https://www.isc.org/software/dhcp/
/etc/dhcp/dhcpd.conf line 103: pool declared outside of network
 pool
      ^
Configuration file errors encountered -- exiting

If you think you have received this message due to a bug rather
than a configuration issue please read the section on submitting
bugs on either our web page at www.isc.org or in the README file
before submitting a bug.  These pages explain the proper
process and the information we find helpful for debugging.

exiting.
```

使用上述命令后，已经提示了发生语法错误的位置和错误的行数，可以对照该提示去修改，错误1为range拼写错误，错误2为语句结束时没有添加分号。

5.检查各项服务

在DHCP客户端无法发现DHCP服务器或无法获取正确的IP地址时，可以检查以下几个方面的内容：

（1）查看DHCP服务器和DHCP客户端之间的物理连通性，检查是否存在丢包或延迟较大的情况。

（2）DHCP Server地址池网段配置错误。

（3）DHCP服务是否正常启动。

（4）查看DHCP服务的日志文件，大部分问题都会给出提示，如DHCP Server租约时间设置过长、地址池地址分配完毕，会导致DHCP客户端无法获取地址，或者在其他的DHCP服务器获取不正确的地址，代码如下：

```
root@dhcp-server:~# systemctl status isc-dhcp-server
● dhcpd.service - DHCPv4 Server Daemon
   Loaded: loaded (/usr/lib/systemd/system/dhcpd.service; disabled; vendor preset: disabled)
   Active: active (running) since Wed 2020-07-29 05:21:59 EDT; 16min ago
     Docs: man:dhcpd(8)
           man:dhcpd.conf(5)
 Main PID: 18322 (dhcpd)
   Status: "Dispatching packets..."
    Tasks: 1 (limit: 23858)
   Memory: 5.2M
   CGroup: /system.slice/dhcpd.service
           └─18322 /usr/sbin/dhcpd -f -cf /etc/dhcp/dhcpd.conf -user dhcpd -group dhcpd --no-pid

Jul 29 05:36:09 dhcp.Jan16.cn dhcpd[18322]: DHCPDISCOVER from 00:0c:29:10:94:b3 via ens34: network 192.168.1.0/24: no free leases
 Jul 29 05:36:09 dhcp.Jan16.cn dhcpd[18322]: DHCPDISCOVER from 00:0c:29:10:94:b3 via 192.168.1.2: network 192.168.1.0/24: no free leases
 Jul 29 05:36:20 dhcp.Jan16.cn dhcpd[18322]: DHCPDISCOVER from 00:0c:29:10:94:b3 via ens34: network 192.168.1.0/24: no free leases
 Jul 29 05:36:20 dhcp.Jan16.cn dhcpd[18322]: DHCPDISCOVER from 00:0c:29:10:94:b3 via 192.168.1.2: network 192.168.1.0/24: no free leases
 Jul 29 05:36:33 dhcp.Jan16.cn dhcpd[18322]: DHCPDISCOVER from 00:0c:29:10:94:b3 via ens34: network 192.168.1.0/24: no free leases
 Jul 29 05:36:33 dhcp.Jan16.cn dhcpd[18322]: DHCPDISCOVER from 00:0c:29:10:94:b3 via 192.168.1.2: network 192.168.1.0/24: no free leases
 Jul 29 05:36:48 dhcp.Jan16.cn dhcpd[18322]: DHCPDISCOVER from 00:0c:29:10:94:b3 via ens34: network 192.168.1.0/24: no free leases
```

Jul 29 05:36:48 dhcp.Jan16.cn dhcpd[18322]: DHCPDISCOVER from 00:0c:29:10:94:b3 via 192.168.1.2: network 192.168.1.0/24: no free leases

Jul 29 05:36:59 dhcp.Jan16.cn dhcpd[18322]: DHCPDISCOVER from 00:0c:29:10:94:b3 via ens34: network 192.168.1.0/24: no free leases

Jul 29 05:36:59 dhcp.Jan16.cn dhcpd[18322]: DHCPDISCOVER from 00:0c:29:10:94:b3 via 192.168.1.2: network 192.168.1.0/24: no free leases

**任务验证**

查看 /backup/dhcp 目录内是否存在备份文件，代码如下：

```
root@dhcp-server:/backup/dhcp# ll
total 8
-rw-r--r-- 1 root root 488 Sep 10 18:51 dhcpd.conf_20210810.bak
```

# 练习与实训

## 一、理论习题

1. DHCP 服务的配置文件为（　　）。

    A. /etc/dhcp/dhcpd6.conf　　　　　　B. /etc/dhcp/dhcpd.conf

    C. /etc/dhcp/dhcpclient.conf　　　　　D. /etc/dhcp/dhcpclient.d

2. 查询已安装软件包 DHCP 内所含文件信息的命令是（　　）。

    A. rpm -qa dhcp-server　　　　　　　B. rpm -ql dhcp-server

    C. rpm -V dhcp-server　　　　　　　D. rpm -qp dhcp-server

3. DHCP 服务器为跨网段的设备分配 IP 地址，需要以下哪项服务的帮助？（　　）

    A. 路由　　　　　　　　　　　　　　B. 网关

    C. DHCP 中继服务　　　　　　　　　D. 防火墙

4. 可以使用哪些方法查看 DHCP 服务器是否正常启动？（　　）

    A. find/dhcp　　　　　　　　　　　　B. less /var/log/message

    C. cat/etc/passwd　　　　　　　　　　D. ss -tunlp

5. DHCP 配置文件中的 option routers 参数代表的含义是（　　）。

    A. 分配给客户端一个固定的地址　　B. 为客户端指定子网掩码

    C. 为客户端指定 DNS 域名　　　　　D. 为客户端指定默认网关

6. DHCP 服务器分配给客户端的默认租约是几天？（　　）

    A. 8　　　　　　　B. 7　　　　　　　C. 6　　　　　　　D. 5

7.在UOS系统下，DHCP可以通过以下哪条命令重新获取TCP/IP配置信息？（　　）

    A. dhclient -v eth0　　　　　　　　B. dhclient -r eth0/all

    C. ipconfig/renew　　　　　　　　D. ipconfig/release

8.DHCP可以通过以下哪条命令释放TCP/IP信息？（　　）

    A. dhclient -v eth0　　　　　　　　B. dhclient -r eth0/all

    C. ipconfig/renew　　　　　　　　D. ipconfig/release

## 二、项目实训题

### 1.项目内容

Jan16公司内部原有的办公计算机全部使用静态IP地址实现互联互通，由于公司规模不断扩大，需要通过部署DHCP服务器实现销售部、行政部和财务部的所有主机动态获取TCP/IP参数，实现全网联通。根据公司的网络规划，划分VLAN1、VLAN2和VLAN3三个网段，网络地址分别为172.20.0.0/24、172.21.0.0/24和172.22.0.0/24。公司采用统信UOS服务器作为各部门互联的路由器。根据所给网络拓扑配置好网络环境，Jan16公司的网络拓扑如图6-9所示。

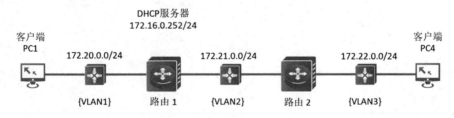

图6-9　Jan16公司的网络拓扑

### 2.项目要求

（1）根据所给网络拓扑，分析网络需求，配置各计算机，实现全网互联。

（2）配置DHCP服务器，实现PC1通过自动获取IP地址与PC4进行通信。

（3）要求在客户端PC1与PC4上执行【ip address show】命令，并将验证结果截图保存。

# 项目 7

## 部署企业的 DNS 服务

扫一扫，
看微课

## 学习目标

（1）了解DNS的基本概念。

（2）掌握DNS域名解析过程。

（3）掌握主要DNS、辅助DNS、委派DNS等服务的概念与应用。

（4）掌握DNS服务器的备份与还原等常规维护与管理技能。

（5）掌握多区域企业组织架构下DNS服务的部署业务实施流程。

## 项目描述

Jan16公司总部位于北京，分部位于广州，并在香港建有公司办事处，总部和分部建有公司大部分的应用服务器，办事处仅有少量的应用服务器。

现阶段，公司内部全部通过IP地址实现相互访问，员工经常抱怨IP地址众多且难以记忆，要访问相关的业务系统非常麻烦，公司要求管理员尽快部署域名解析系统，从而实现基于域名访问公司的业务系统，以提高工作效率。

基于此，公司信息部高级工程师针对公司网络拓扑和服务器情况做了一份DNS部署规划方案，具体内容如下。

（1）DNS服务器的部署。

主DNS服务器主要部署在北京，负责公司Jan16.cn域名管理和总部计算机域名解析；在广州分部部署一个委派DNS服务器，负责gz.Jan16.cn域名的管理和广州区域计算机域名解析；在香港办事处部署一个辅助DNS服务器，负责香港区域计算机域名解析。

（2）公司域名规划。

公司为主要应用服务器做了域名规划，域名、IP地址和服务器之间的映射关系如表7-1所示。

表7-1　域名、IP地址和服务器名称间的映射关系

| 服务器角色 | 服务器名称 | IP地址 | 域名 | 位置 |
|---|---|---|---|---|
| 主DNS服务器 | DNS | 192.168.1.1/24 | dns.Jan16.cn | 北京总部 |
| Web服务器 | Web | 192.168.1.10/24 | web.Jan16.cn | 北京总部 |

续表

| 服务器角色 | 服务器名称 | IP地址 | 域名 | 位置 |
|---|---|---|---|---|
| 委派DNS服务器 | GZDNS | 192.168.1.100/24 | dns.gz.Jan16.cn | 广州分部 |
| FS服务器 | FS | 192.168.1.101/24 | fs.gz.Jan16.cn | 广州分部 |
| 辅助DNS服务器 | HKDNS | 192.168.1.200/24 | hkdns.Jan16.cn | 香港办事处 |

（3）公司DNS服务器的日常管理。

管理员应具备DNS服务器日常维护能力，包括启动和关闭DNS服务、进行DNS递归查询管理等，要求管理员每月备份一次DNS数据，在DNS服务器出现故障时能利用备份数据快速重建。公司网络拓扑如图7-1所示。

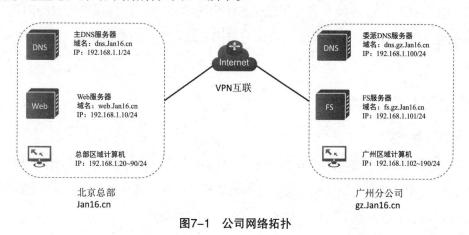

图7-1  公司网络拓扑

# 项目分析

DNS服务应用于域名和IP地址之间的映射，相对IP地址，域名更容易记忆，通过部署DNS服务器可以实现计算机使用域名来访问各种应用服务器，从而提高工作效率。

在企业网络中，常根据企业地理位置和所管理域名的数量，部署不同类型的DNS服务器来解决域名解析问题，常见的DNS服务器角色包括：主DNS服务器、辅助DNS服务器、委派DNS服务器等。

根据该公司网络拓扑和项目需求，本项目可以分解为以下工作任务。

（1）实现总部主DNS服务器的部署：在北京总部部署主DNS服务器。

（2）实现分部DNS委派服务器的部署：在广州分部部署委派DNS服务器。

（3）实现香港办事处辅助DNS服务器的部署：在香港办事处部署辅助DNS服务器。

（4）DNS服务器的管理：熟悉DNS服务器的常规管理。

## 相关知识

在TCP/IP网络中，计算机之间进行通信需要依靠IP地址。然而，由于IP地址是一些数字的组合，对于普通用户来说，记忆和使用都非常不方便。为解决该问题，需要为用户提供一种友好并且方便记忆和使用的名称，将该名称转换为IP地址以便实现网络通信，DNS（域名系统）就是一套用简单、易记的名称映射IP地址的解决方案。

### 7.1 DNS的基本概念

1.什么是DNS

DNS是 Domain Name System（域名系统）的缩写，域名虽然便于人们记忆，但计算机只能通过IP地址来进行通信，它们之间的转换工作称为域名解析，域名解析需要由专门的域名解析服务器来完成，DNS就是域名解析服务器。

DNS名称通过采用FQDN（Fully Qualified Domain Name，完全合格域名）的形式，由主机名和域名两部分组成。例如，www.baidu.com就是一个典型的FQDN，其中，baidu.com是域名，表示一个区域，www是主机名，表示baidu.com区域内的一台主机。

2.域名空间

DNS的域是一种分布式的层次结构。DNS域名空间包括根域（root domain）、顶级域（top-level domains）、二级域（second-level domains）以及子域（subdomains）。如www.pconline.com.cn.，其中.为根域，cn为顶级域，com为二级域，pconline为三级域，www为主机名。

DNS规定，域名中的标号都由英文字母和数字组成，每个标号不超过63个字符，也不区分字母大小写。标号中除连字符（−）外不能使用其他标点符号。级别最低的域名写在最左边，而级别最高的域名写在最右边。由多个标号组成的完整域名不超过255个字符。域名体系层次结构如图7−2所示。

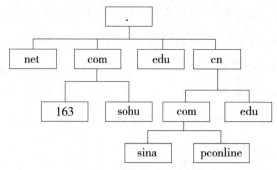

**图7-2　域名体系层次结构**

顶级域有两种类型的划分方式：机构域和地理域，表7-2列举了常用的机构域和地理域。

**表7-2　常用的机构域和地理域**

| 机构域 | | 地理域 | |
| --- | --- | --- | --- |
| 顶级域名 | 类型 | 顶级域名 | 国家/地区 |
| .com | 商业组织 | .cn | 中国 |
| .edu | 教育组织 | .us | 美国 |
| .net | 网络支持组织 | .fr | 法国 |
| .gov | 政府机构 | .hk | 中国香港 |
| .org | 非商业性组织 | .mo | 中国澳门 |
| .int | 国际组织 | .tw | 中国台湾 |

## 7.2 DNS服务器的分类

DNS服务器用于实现DNS名称和IP地址的双向解析，将域名解析为IP地址称为正向解析，将IP地址解析为域名称为反向解析。在网络中，主要存在4种DNS服务器：主DNS服务器、辅助DNS服务器、转发DNS服务器和缓存DNS服务器。

1.主DNS服务器

主DNS服务器是特定DNS域内所有信息的权威性信息源。主DNS服务器保存自主生产的区域文件，该文件是可读写的。当DNS区域中的信息发生变化时，这些变化都会保存到主DNS服务器的区域文件中。

2.辅助DNS服务器

辅助DNS服务器不创建区域数据，它的区域数据是从主DNS服务器复制得来的，因此，区域数据只能读而不能修改，也称为副本区域数据。当启动辅助DNS服务器时，辅助DNS服务器会和主DNS服务器建立联系，并从主DNS服务器中复制数据。辅助DNS服务器在工作时会定期地更新副本区域数据，以最大限度地保证副本和正本区域数据的一致性。辅助DNS服务器除可以从主DNS服务器复制数据外，还可以从其他辅助DNS服务器复制区域数据。

在一个区域中设置多个辅助DNS服务器可以提供容错，分担主DNS服务器的负担，同时可以加快DNS解析速度。

3.转发DNS服务器

转发DNS服务器用于将DNS解析请求转发给其他DNS服务器。当DNS服务器收到客户端的请求后，首先会尝试从本地数据库中进行查找，找到后返回给客户端解析结果；若未找到，则需要向其他DNS服务器转发解析请求，其他DNS服务器完成解析后会返回解析结果，转发DNS服务器会将该结果存放在自己的缓存中，同时返回给客户端解析结果。如果客户端再次请求解析相同的名称，转发DNS服务器会根据缓存记录结果回复该客户端。

4.缓存DNS服务器

缓存DNS服务器可以提供名称解析，但没有任何本地数据库文件。缓存DNS服务器必须同时转发DNS服务器，它将客户端的解析请求转发给其他DNS服务器，并将结果存储在缓存中。其与转发DNS服务器的区别在于没有本地数据库文件，缓存服务器仅缓存本地局域网内客户端的查询结果。缓存服务器不是权威的服务器，因为它所提供的所有信息都是间接信息。

## 7.3 DNS的查询模式

DNS客户端向DNS服务器提出查询，DNS服务器做出响应的过程称为域名解析。

当DNS客户端向DNS服务器提交域名查询IP地址，或DNS服务器向另一台DNS服务器（提出查询的DNS服务器相对而言也是DNS客户端）提交域名查询IP地址时，DNS服务器做出响应的过程，称为正向解析。反过来，如果DNS客户端向DNS服务器提交IP地址查询域名，DNS服务器做出响应的过程，就称为反向解析。

根据DNS服务器对DNS客户端的不同响应方式，域名解析可以分为两种类型：递归查询和迭代查询。

1.递归查询

递归查询发生在DNS客户端向DNS服务器发出解析请求时，DNS服务器会向DNS客户端返回两种结果：查询结果或查询失败。如果当前DNS服务器无法解析名称，它不会告知 DNS 客户端，而是自行向其他 DNS 服务器查询并完成解析，并将解析结果反馈给 DNS 客户端。

2. 迭代查询

迭代查询通常在一台 DNS 服务器向另一台 DNS 服务器发出解析请求时使用。发起者向 DNS 服务器发出解析请求，如果当前 DNS 服务器未能在本地查询到请求的数据，那么当前 DNS 服务器将告知另一台 DNS 服务器的 IP 地址给发起查询的 DNS 服务器；然后，由发起查询的 DNS 服务器自行向另一台 DNS 服务器发起查询；以此类推，直到查询到所需数据为止。

"迭代"的意思是如果在某地查不到，该地就会告知查询者其他地方的地址，让查询者转到其他地方去查。

## 7.4 DNS 域名解析工作原理

DNS 域名解析工作原理如图 7-3 所示。

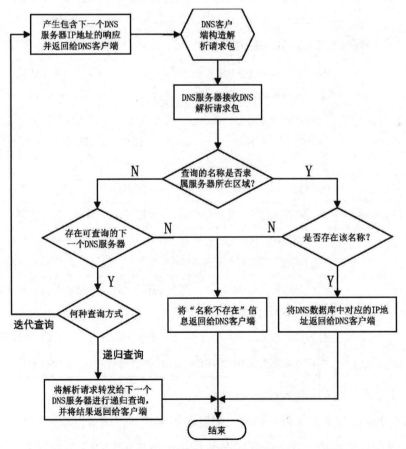

图7-3　DNS域名解析工作原理

## 7.5 DNS服务常用文件及参数解析

一般的DNS配置文件分为全局配置文件、区域配置文件、正反向解析区域文件。

1.全局配置文件/etc/bind/named.conf

全局配置文件中包括了DNS的基本配置和根区域配置，其他区域配置使用include参数加载外部的区域配置文件。/etc/ bind/named.conf 文件内的部分代码如下：

```
include "/etc/bind/named.conf.options";
include "/etc/bind/named.conf.local";
include "/etc/bind/named.conf.default-zones"; "
```

options 配置段为全局性的配置，zone配置段为区域性的配置，其中以 "//" 开头的为注释，常用的配置项及参数解析如表7-3所示。

表7-3  常用的配置项及参数解析

| 常用的配置项 | 参数解析 |
| --- | --- |
| listen-on port 53 {...}; | 设置named守护进程监听的IP地址和端口。在默认情况下监听127.0.0.1的回环地址和53端口，在回环地址内只能监听本地客户端请求，可通过命令指定监听的IP地址，修改参数为any代表监听全部IP地址 |
| listen-on-v6 port 53 {...}; | 限定监听IPv6的接口 |
| directory  " "; | 用于指定named守护进程的工作目录，各区域正反向搜索解析文件和DNS根服务器地址列表文件（named.ca）应放在该项目指定的目录中 |
| allow-query {...}; | 允许DNS查询的客户端地址。修改参数为any代表匹配任何地址，none代表不匹配任何地址，localhost代表匹配本地主机所使用的所有IP地址，localnets代表匹配与本地主机相连的网络中的所有主机 |
| recursion yes; | 是否允许递归查询，yes为允许，no为拒绝 |
| dnssec-validation yes; | 在DNS查询过程中是否使用dnssec验证，yes为启用，no为禁用 |
| forward{}; | 用于定义DNS转发器。在设置了转发器后，所有非本域和在缓存中无法解析的域名记录，可由指定的DNS转发器来完成解析工作并进行缓存 |
| zone  "..." | 代表该区域名称为 "."，"." 为根域，是整个域名系统的最高级，该条目用于指定根服务器的配置信息 |
| type hint; | 代表该区域的区域类型。hint代表根域，master代表主域，slave代表从域 |
| include  "..."; | 指定区域配置文件，需根据实际路径和名称来修改 |

2.区域配置文件/etc/bind/zones.rfc1918

在设计初期，为了避免频繁修改主配置文件导致DNS服务出错，将区域信息规则保存在区域配置文件内。用于定义域名与IP地址解析规则的文件的保存位置及区域服务类型等内容需要谨慎修改，编辑该文件前建议对该文件进行备份，备份文件名称为named.zones，并修改named.conf文件的include选项。

区域配置文件/etc/bind/zones.rfc1918内的部分代码如下：

```
zone "localhost.localdomain" IN {
        type master;
        file "named.localhost";
        allow-update { none; };
};
【... 省略显示部分内容 ... 】
zone "1.0.0.127.in-addr.arpa" IN {
        type master;
        file "named.loopback";
        allow-update { none; };
【... 省略显示部分内容 ... 】
```

文件部分内容含义及参数解析如表7-4所示。

表7-4　文件部分内容含义及参数解析

| 文件部分内容含义 | 参数解析 |
|---|---|
| type master; | 代表该区域的区域类型。hint代表根域，master代表主域，slave代表从域 |
| file "named.localhost"; | 指定（正向/反向）查询区域的文件 |
| allow-update{}; | 允许客户端动态更新，none代表不允许 |

3.正向解析区域文件 /etc/bind/db.local 和反向解析区域文件 /etc/bind/db.127

在DNS区域配置中的每个区域都指定了区域配置文件，区域配置文件内定义了域名和IP地址的映射关系，如【localhost】的区域文件为【db.local】；【1.0.0.127】的区域数据文件为【db.127】。在配置正向解析区域时，一般会复制【db.local】文件作为样例。在配置反向解析区域时，会复制【db.127】文件作为样例，复制样例文件时，需要添加-P参数，确保named用户对文件具有读取权限。

正向解析区域文件 /etc/bind/db.local 内的代码如下：

```
$TTL    604800
@       IN      SOA     localhost. root.localhost. (
                                2         ; Serial
                                604800    ; Refresh
                                86400     ; Retry
                                2419200   ; Expire
                                604800 )  ; Negative Cache TTL
@       IN      NS      localhost.
@       IN      A       127.0.0.1
@       IN      AAAA    ::1
```

反向解析区域文件 /etc/bind/db.127 内的代码如下：

```
$TTL    604800
@       IN      SOA     localhost. root.localhost. (
                              1         ; Serial
                         604800         ; Refresh
                          86400         ; Retry
                        2419200         ; Expire
                         604800 )       ; Negative Cache TTL
@       IN      NS      localhost.
1.0.0   IN      PTR     localhost.
```

正反向解析区域文件参数及解析如表7-5所示。

表7-5　正反向解析区域文件参数及解析

| 参数 | 解析 |
| --- | --- |
| $TTL 1D | 代表地址解析记录的默认缓存天数，TTL为最小时间间隔，单位为秒。1D代表一天 |
| @ | 代表该域的替换符，即当前DNS的区域名 |
| IN | 代表网络类型 |
| SOA | Start Of Authority，起始授权记录，代表资源记录类型；一个区域解析库有且仅有一个SOA记录，必须位于解析库的第一条记录 |
| name.invalid. | 代表管理员邮箱地址 |
| 0        ; serial | serial为该文件的版本号，0为更新序列表，序列号格式为yyyymmddnn，该数据代表辅助DNS服务器与主DNS服务器进行同步功能所需比对的值。若同步时比较值比最后一次更新的值大，则进行区域复制 |
| 1D        ; refresh | 代表刷新时间为一天，该值定义了辅助DNS服务器根据定义的时间，周期性检查主DNS服务器的序列号是否发生改变，若发生改变则进行区域复制 |
| 1H        ; retry | 重试延时，定义辅助DNS服务器在更新间隔到期后，仍然无法与主要DNS服务器通信时，重试区域复制的时间间隔，默认为1小时 |
| 1W        ; expire | 失效时间，定义辅助DNS服务器在特定的时间间隔内无法与主DNS服务器取得联系，则该辅助DNS服务器上的数据库文件被认定为无效，不再响应查询请求 |
| 3H ); minimum · | 存活时间，对于没有特别指定存活时间的资源记录，默认取值为3小时 |

续表

| 参数 | 解析 |
| --- | --- |
| NS　　@ | Name Server，专用于标明当前区域的DNS服务器，格式为 "@IN　　NS　　dns.Jan16.cn." |
| A　　127.0.0.1 | Internet Address，作用：FQDN → IP，定义域名与IP地址的映射关系，格式为 "dns　　IN　　A　　192.168.1.1" |
| PTR　　localhost. | Pointer，IP → FQDN，指针记录，定义IP地址与域名的映射关系，格式为 "1　　IN　　RTP　　dns.Jan16.cn"，1代表IP地址为192.168.1.1 |
| @　IN　MX　10 mail.Jan16.cn | Mail eXchanger，定义邮箱服务器，优先级为10，数字越小，优先级越高 |
| web　IN　CNAME www.Jan16.cn | Canonical Name，定义别名，代表web.Jan16.cn是www.Jan16.cn的别名 |

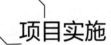

# 项目实施

## 任务 7-1　实现总部主 DNS 服务器的部署

**任务规划**

Jan16公司总部为了保证网络的正常运行，需要部署DNS服务器，现已为总部准备了一台安装UOS系统的服务器，北京总部网络拓扑如图7-4所示。

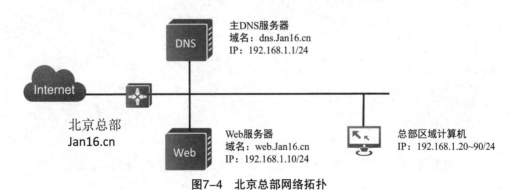

**图7-4　北京总部网络拓扑**

公司要求管理员部署DNS服务，实现客户端基于域名访问公司门户网站。主DNS服务器和Web服务器的域名、IP地址和服务器名称之间的映射关系如表7-6所示。

表7-6　主DNS服务器和Web服务器的域名、IP地址和服务器名称之间的映射关系

| 服务器角色 | 服务器名称 | IP地址 | 域名 | 位置 |
|---|---|---|---|---|
| 主DNS服务器 | DNS | 192.168.1.1/24 | dns.Jan16.cn | 北京总部 |
| Web服务器 | Web | 192.168.1.10/24 | web.Jan16.cn | 北京总部 |

因此，在北京总部的DNS服务器上安装UOS系统后，可以通过以下步骤来部署总部的DNS服务。

（1）配置DNS服务的角色与功能。

（2）为Jan16.cn创建主要区域。

（3）为总部服务器注册域名。

（4）为总部客户端配置DNS地址。

任务实施

1. 配置DNS服务的角色与功能

（1）安装DNS服务，使用【apt】命令对包下载、安装。需要安装的包为bind9，代码如下：

```
root@DNS:~# apt -y install bind9
```

（2）DNS服务安装完成后，启动DNS服务并设置为开机自动启动，检查DNS服务的状态，代码如下：

```
root@DNS:~# systemctl start bind9
root@DNS:~# systemctl enable bind9
Synchronizing state of bind9.service with SysV service script with /lib/systemd/systemd-sysv-install.
Executing: /lib/systemd/systemd-sysv-install enable bind9
root@DNS:~# systemctl status bind9
● bind9.service - BIND Domain Name Server
   Loaded: loaded (/lib/systemd/system/bind9.service; enabled; vendor preset: enabled)
   Active: active (running) since Fri 2021-08-13 12:30:25 CST; 11min ago
     Docs: man:named(8)
 Main PID: 4243 (named)
    Tasks: 5 (limit: 2318)
   Memory: 12.3M
   CGroup: /system.slice/bind9.service
           └─4243 /usr/sbin/named -u bind…
```

（3）使用【nmcli】命令将网卡的连接名修改为ens37，主DNS服务器配置IP地址为192.168.1.1/24，DNS地址设置为本机，代码如下：

```
root@DNS:~# nmcli connection modify uuid 27b5020a-c663-1d13-1006-053ed965ee2d con-name ens37
root@DNS:~# nmcli connection modify ens37 ipv4.addresses 192.168.1.1/24 ipv4.dns 192.168.1.1 ipv4.method manual
root@DNS:~# nmcli connection up ens37
```

（4）查看 resolv.conf 文件，代码如下：

```
root@DNS:~# cat /etc/resolv.conf
# Generated by NetworkManager
nameserver 192.168.1.1
```

### 2. 为 Jan16.cn 创建主要区域

（1）DNS 服务主要的文件有 /etc/bind/named.conf（全局配置文件），/etc/bind/zones.rfc1918（区域配置文件）和 /etc/bind/named.conf.local（区域数据配置模板文件）。

首先需要打开主配置文件进行全局配置，修改监听范围为 any，允许客户端查询修改为 any，注释 dnssec-validation、listen-on-v6 两个配置项，代码如下：

```
root@DNS:~# vim /etc/bind/named.conf.options
options {
        directory       "/var/cache/bind";  # 区域文件存放目录
        listen-on port 53 { any; };         #IPv4 监听端口
        allow-query { any; };               # 允许解析范围
//      dnssec-validation auto;
//      listen-on-v6 { any; };
    }
```

（2）named.conf.local 用于定义解析域，在配置该文件时，需要先将其复制为 named.conf.local.bakzone。在主配置文件内已经定义了区域数据文件存放的位置，所以在定义之后，访问主配置文件时会自动查找区域配置文件，代码如下：

```
root@DNS:~# cp -p /etc/bind/named.conf.local /etc/bind/named.conf.local.bakzone
root@DNS:~# vim /etc/bind/named.conf.local
zone "jan16.cn" {
        type master;
        file "/etc/bind/jan16.cn.zone";
};
```

（3）在北京总部主 DNS 服务器上复制区域数据配置模板文件。修改 /etc/bind/db.local 文件的名称为 db.jan16.cn.zone ，即刚才在区域配置文件内填写的文件名称。由于区域配置文件的组属于 root，所以在复制时需要加 -p 参数，确保 bind 用户可以访问该文件，以使服务能够正常启动，代码如下：

```
root@DNS:~# cp -p /etc/bind/db.local  /etc/bind/jan16.cn.zone
```

（4）修改 jan16.cn.zone 文件内的参数。DNS 服务器的域名为 dns.Jan16.cn，IP 地址为 192.168.1.1/24，Web 服务器的域名为 web.Jan16.cn，IP 地址为 192.168.1.10，代码如下：

```
root@DNS:~# vim /etc/bind/jan16.cn.zone
$TTL    604800
@       IN      SOA     localhost. root.Jan16.cn. (
                                2               ; Serial
```

```
                    604800        ; Refresh
                    86400         ; Retry
                    2419200       ; Expire
                    604800 )      ; Negative Cache TTL
        NS          dns.jan16.cn.
dns     A           192.168.1.1
web     A           192.168.1.10
```

（5）使用【named】相关命令检查配置文件是否正确，代码如下：

```
root@DNS:~# named-checkconf /etc/bind/named.conf
root@DNS:~# named-checkconf /etc/bind/named.conf.local
root@DNS:~# named-checkzone jan16.cn /etc/bind/jan16.cn.zone
zone Jan16.cn/IN: loaded serial 2
OK
```

（6）重启 DNS 服务，检查服务状态，代码如下：

```
root@DNS:~# systemctl restart bind9
root@DNS:~# systemctl status bind9
```

（7）切换到客户端，修改 IP 地址为 192.168.1.20/24，修改 DNS 服务器的地址为 192.168.1.1，代码如下：

```
root@Test:~# nmcli connection modify ens37 ipv4.addresses 192.168.1.20/24 ipv4.dns 192.168.1.1 ipv4.method manual
root@Test:~# nmcli connection up ens37
root@Test:~# cat /etc/resolv.conf
nameserver 192.168.1.1
```

### 任务验证

1.测试 DNS 服务是否配置成功

在 DNS 服务器上检查服务监听的端口是否正常启动，代码如下：

```
root@DNS:~# ss -tln | grep 53
LISTEN    0    10    192.168.1.1:53    0.0.0.0:*
LISTEN    0    10    127.0.0.1:53      0.0.0.0:*
LISTEN    0    10    [::]:53           [::]:*
```

2.DNS 域名解析测试

配置好 DNS 服务后，对 DNS 域名解析的测试通常通过【ping】【nslookup】等命令实现。

（1）在客户端使用【ping】命令进行测试时，若域名对应的主机存在，则结果为可以 ping 通，代码如下：

```
root@Test:~# ping dns.jan16.cn
PING dns.Jan16.cn (192.168.1.1) 56(84) bytes of data.
64 bytes from 192.168.1.1 (192.168.1.1): icmp_seq=1 ttl=64 time=0.304 ms
64 bytes from 192.168.1.1 (192.168.1.1): icmp_seq=2 ttl=64 time=0.385 ms
64 bytes from 192.168.1.1 (192.168.1.1): icmp_seq=3 ttl=64 time=0.455 ms
64 bytes from 192.168.1.1 (192.168.1.1): icmp_seq=4 ttl=64 time=0.503 ms
```

```
root@Test:~# ping web.jan16.cn
PING web.Jan16.cn (192.168.1.10) 56(84) bytes of data.
64 bytes from 192.168.1.10 (192.168.1.10): icmp_seq=1 ttl=64 time=0.565 ms
64 bytes from 192.168.1.10 (192.168.1.10): icmp_seq=2 ttl=64 time=0.459 ms
64 bytes from 192.168.1.10 (192.168.1.10): icmp_seq=3 ttl=64 time=0.412 ms
64 bytes from 192.168.1.10 (192.168.1.10): icmp_seq=4 ttl=64 time=0.419 ms
```

（2）【nslookup】是一个专门用于DNS测试的命令，在终端窗口中，执行【nslookup dns.jan16.cn】命令，从命令返回的结果可以看出，DNS服务器解析dns.jan16.cn对应的IP地址为192.168.1.1，DNS服务器解析web.jan16.cn对应的IP地址为192.168.1.10。

```
root@Test:~# nslookup
> web.jan16.cn
Server:          192.168.1.1
Address:         192.168.1.1#53

Name:   web.jan16.cn
Address: 192.168.1.10
> dns.jan16.cn
Server:          192.168.1.1
Address:         192.168.1.1#53

Name:   dns.jan16.cn
Address: 192.168.1.1
> exit
```

## 任务 7-2　实现分部 DNS 委派服务器的部署

**任务规划**

广州分部是一个相对独立的运营实体，它希望能更加便捷地管理自己的域名系统，为此，广州分部已准备了一台安装UOS系统的服务器，北京总部与广州分部之间的网络拓扑如图7-5所示。

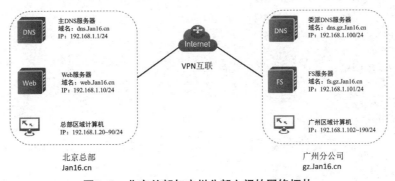

图7-5　北京总部与广州分部之间的网络拓扑

公司要求管理员为分部部署DNS服务，实现客户端基于域名访问公司各网站。委派DNS服务器和FS服务器的域名、IP地址、服务器名称等信息映射关系如表7–7所示。

表7–7　委派DNS服务器和FS服务器的域名、IP地址、计算机名称等信息映射关系

| 服务器角色 | 服务器名称 | IP地址 | 域名 | 位置 |
| --- | --- | --- | --- | --- |
| 委派DNS服务器 | GZDNS | 192.168.1.100/24 | dns.gz.Jan16.cn | 广州分部 |
| FS服务器 | FS | 192.168.1.101/24 | fs.gz.Jan16.cn | 广州分部 |

如果公司在多个区域办公，本地部署的DNS服务器将提高本地客户端解析域名的速度；在分部或分部部署委派DNS服务器，可以将子域的域名管理委托给下一级DNS服务器，这有利于减少主DNS服务器的负担，并能给子域域名的管理带来方便。委派DNS服务器常用于分部的应用场景中。

要在分部部署委派DNS，可以通过以下步骤来完成。

（1）在北京总部主DNS服务器上创建委派区域gz.Jan16.cn。

（2）在广州分部DNS服务器上创建主要区域gz.Jan16.cn，并注册分部服务器的域名。

（3）在广州分部DNS服务器上创建Jan16.cn的辅助DNS服务器。

（4）设置北京总部主DNS服务器，允许广州分部复制DNS数据。

（5）在北京总部DNS服务器上创建gz.Jan16.cn的辅助DNS服务器。

（6）为广州分部客户端配置DNS地址。

任务实施

1.在北京总部主DNS服务器上创建委派区域gz.Jan16.cn

（1）配置DNS主配置文件，将监听的网段和控制访问都设置为any，注释dnssec-validation、listen-on-v6两个配置项。配置代码如下：

```
root@DNS:~# vim /etc/bind/named.conf.options
options {
        directory       "/var/cache/bind"; # 区域文件存放目录
        listen-on port 53 { any; };        #IPv4 监听端口
        allow-query { any; };              # 允许解析范围
//      dnssec-validation auto;
//      listen-on-v6 { any; };
}
```

（2）在区域配置文件内委派区域gz，新增NS记录，指定当前区域内的DNS服务器。配置代码如下：

```
root@DNS:~# vim /etc/bind/jan16.cn.zone
$TTL    604800
@       IN      SOA localhost.  root.jan16.cn. (
                        2               ; Serial
                        604800          ; Refresh
                        86400           ; Retry
                        2419200         ; Expire
                        604800 )        ; Negative Cache TTL

    NS dns.jan16.cn.
gz NS dns.gz.jan16.cn.
dns A 192.168.1.1
dns.gz A 192.168.1.100
web A 192.168.1.10
```

（3）添加区域配置。配置代码如下：

```
root@DNS:~# vim /etc/bind/named.conf.local
zone "jan16.cn" {
        type master;
        file "/etc/bind/jan16.cn.zone";
};
```

（4）重启 bind 服务，检查服务状态。配置代码如下：

```
root@DNS:~# systemctl restart bind9
root@DNS:~# systemctl status bind9
```

2. 在委派 DNS 服务器内安装 DNS 服务并创建委派区域 gz.Jan16.cn

（1）配置委派 DNS 服务器的 IP 地址，修改默认的 DNS 服务器地址为 192.168.1.1，并查看 resolv.conf 文件，代码如下：

```
root@GZDNS:~# nmcli connection modify ens37 ipv4.addresses 192.168.1.100/24 ipv4.dns 192.168.1.1 ipv4.method manual
root@GZDNS:~# nmcli connection up ens37
root@GZDNS:~# cat /etc/resolv.conf
nameserver 192.168.1.1
```

（2）在委派 DNS 服务器内安装 DNS 服务，使用【apt】命令对包下载、安装，代码如下：

```
root@GZDNS:~# apt -y install bind9
```

（3）服务安装完成后，在委派 DNS 服务器上启动 DNS 服务并设置为开机自动启动，代码如下：

```
root@GZDNS:~# systemctl start bind9
root@GZDNS:~# systemctl enable bind9
```

随后在委派 DNS 服务器上打开主配置文件进行全局配置，监听范围修改为 any，允许客户端访问修改为 any，注释 dnssec-validation、listen-on-v6 两个配置项，代码如下：

```
root@GZDNS:~# vim /etc/bind/named.conf.options
options {
        directory        "/var/cache/bind";    # 区域文件存放目录
        listen-on port 53 { any; };            #IPv4 监听端口
        allow-query { any; };                  # 允许解析范围
//      dnssec-validation auto;
//      listen-on-v6 { any; };
}
```

（4）在委派 DNS 服务器的区域配置文件内的末行定义域名和在该区域配置文件内填写文件名称，由于在主配置文件内已经定义了区域数据文件存放的位置，所以定义之后，在访问主配置文件时会自动查找区域配置文件，代码如下：

```
root@GZDNS:~# vim /etc/bind/zones.rfc1918
zone "gz.jan16.cn" IN {type master; file "/etc/bind/gz.jan16.cn.zone"; allow-update { none; };};
root@GZDNS:~# vim /etc/bind/named.conf.local
include "/etc/bind/zones.rfc1918";            # 去掉该配置的注释
```

（5）拷贝区域数据配置模板文件 /etc/bind/db.local，修改名称为 gz.jan16.cn.zone，即刚才在区域配置文件内填写的文件名称。需要注意的是，由于区域配置文件的组属于 root，所以在复制时需要加 -p 参数，确保 bind 用户可以访问该文件，以使服务正常启动，代码如下：

```
root@GZDNS:~# cd /etc/bind/
root@GZDNS:/etc/bind# cp -p db.local gz.jan16.cn.zone
```

（6）修改 gz.jan16.cn.zone 文件内的参数。委派 DNS 服务器的域名为 dns.gz.Jan16.cn，IP 地址为 192.168.1.100/24，FS 服务器的域名为 fs.gz.Jan16.cn，IP 地址为 192.168.1.101，代码如下：

```
root@GZDNS:~# vim /etc/bind/gz.jan16.cn.zone
$TTL   604800
@      IN    SOA    @ root.jan16.cn. (
                 2              ; Serial
                 604800         ; Refresh
                 86400          ; Retry
                 2419200        ; Expire
                 604800 )       ; Negative Cache TTL

        NS     dns.gz.jan16.cn.
dns     A      192.168.1.100
fs      A      192.168.1.101
```

（7）使用【named】命令检查配置文件是否正确，代码如下：

```
root@GZDNS:~# named-checkconf /etc/bind/named.conf
root@GZDNS:~# named-checkconf /etc/bind/zones.rfc1918
root@GZDNS:~# named-checkzone gz.jan16.cn /etc/bind/gz.jan16.cn.zone
```

```
zone gz.jan16.cn/IN: loaded serial 2
OK
```

（8）重启委派 DNS 服务器上的 DNS 服务，并检查服务状态，代码如下：

```
root@GZDNS:~# systemctl restart bind9
root@GZDNS:~# systemctl status bind9
```

（9）切换到北京总部的客户端，修改网卡 DNS 服务器的地址为 192.168.1.1，代码如下：

```
root@PC1:~# nmcli connection modify ens37 ipv4.dns 192.168.1.1
root@PC1:~# nmcli connection up ens37
连接已成功激活（D-Bus 活动路径：/org/freedesktop/NetworkManager/ActiveConnection/6）
root@PC1:~# cat /etc/resolv.conf
# Generated by NetworkManager
nameserver 192.168.1.1
```

（10）修改 resolv.conf 文件，北京总部的客户端的首选 DNS 服务器的地址为 192.168.1.1，备选的 DNS 服务器的地址为 192.168.1.100，代码如下：

```
root@PC1:~# cat /etc/resolv.conf
# Generated by NetworkManager
nameserver 192.168.1.1
nameserver 192.168.1.100
```

3.在广州分部 DNS 服务器上创建 Jan16.cn 的辅助 DNS 服务器

广州分部的客户端在解析北京总部的域名时，因为距离的原因往往响应时间较长，考虑广州分部也部署了 DNS 服务器，通常管理员也会在广州分部的 DNS 服务器上创建公司其他区域的辅助 DNS 服务器，这样广州分部的客户端在解析其他区域域名时，能有效地缩短域名解析时间。

在广州分部 DNS 服务器上创建北京总部 Jan16.cn 区域的辅助 DNS 服务器的步骤如下：

（1）由于在广州分部进行了辅助 DNS 服务器配置，所以不需要再安装 DNS 服务。

（2）修改广州分部 DNS 服务器的配置区域文件，在文件末行添加辅助区域，并且指定从主 DNS 服务区复制过来的正向区域文件的存放位置，指定主 DNS 服务器的 IP 地址，代码如下：

```
root@GZDNS:~# vim /etc/bind/zones.rfc1918
zone "jan16.cn" IN { type slave; file "jan16.cn.zone";
masters {192.168.1.1;}; };
```

（3）在委派 DNS 服务器上使用【named】命令检查配置文件是否配置正确，代码如下：

```
root@GZDNS:~# named-checkconf /etc/bind/zones.rfc1918
```

（4）重启 DNS 服务，并检查服务状态，代码如下：

```
root@GZDNS:~# systemctl restart bind9
root@GZDNS:~# systemctl status bind9
```

4. 为广州分部客户端配置 DNS 地址

广州分部和北京总部均部署了 DNS 地址，原则上，广州分部的客户端可以通过任意一个 DNS 服务器来解析域名，但为了缩短域名解析的响应时间，通常为客户端部署 DNS 时将考虑以下因素来设置 DNS 服务器地址：

（1）依据就近原则，首选 DNS 指向最近的 DNS 服务器。

（2）依据备份原则，备选 DNS 指向企业的根域 DNS 服务器。

因此，广州分部的客户端需要将首选 DNS 设置为广州分部 DNS 服务器的 IP 地址，备选 DNS 设置为北京总部 DNS 服务器的 IP 地址。

### 任务验证

1. 测试 DNS 服务是否配置成功

在委派 DNS 服务器上检查服务监听的端口是否正常启动，代码如下：

```
root@GZDNS:~# ss -tnl | grep 53
LISTEN      0      10      192.168.1.100:53      0.0.0.0:*
LISTEN      0      10      127.0.0.1:53          0.0.0.0:*
LISTEN      0      10      [::]:53               [::]:*
```

2. DNS 域名解析测试

DNS 服务配置好后，对 DNS 域名解析的测试通常使用【ping】【nslookup】等命令进行。

（1）在客户端上使用【ping】命令进行测试，如域名对应的主机存在，则返回有效信息，代码如下：

```
root@PC1:~# ping dns.gz.jan16.cn
PING dns.gz.jan16.cn (192.168.1.100) 56(84) bytes of data.
64 bytes from 192.168.1.100 (192.168.1.100): icmp_seq=1 ttl=64 time=0.328 ms
64 bytes from 192.168.1.100 (192.168.1.100): icmp_seq=2 ttl=64 time=0.367 ms
64 bytes from 192.168.1.100 (192.168.1.100): icmp_seq=3 ttl=64 time=0.479 ms
root@PC1:~# ping fs.gz.jan16.cn
PING fs.gz.jan16.cn (192.168.1.101) 56(84) bytes of data.
64 bytes from 192.168.1.101 (192.168.1.101): icmp_seq=1 ttl=64 time=0.580 ms
64 bytes from 192.168.1.101 (192.168.1.101): icmp_seq=2 ttl=64 time=0.532 ms
64 bytes from 192.168.1.101 (192.168.1.101): icmp_seq=3 ttl=64 time=0.498 ms
```

（2）【nslookup】是一个专门用于 DNS 域名解析测试的命令，在终端窗口中，执行【nslookup dns.gz.jan16.cn】命令，从命令返回结果可以看出，DNS 服务器解析 dns.gz.Jan16.cn 对应的 IP 地址为 192.168.1.100，DNS 服务器解析 fs.gz.Jan16.cn 对应的 IP 地址为 192.168.1.101，代码如下：

```
root@PC1:~# nslookup
> dns.gz.jan16.cn
Server:          192.168.1.1
```

```
Address:        192.168.1.1#53

Non-authoritative answer:
Name:   dns.gz.jan16.cn
Address: 192.168.1.100
> fs.gz.jan16.cn
Server:         192.168.1.1
Address:        192.168.1.1#53

Non-authoritative answer:
Name:   fs.gz.jan16.cn
Address: 192.168.1.101
```

完成域名解析后，可以看到提示信息显示的非权威性回答，证明配置成功，是由委派 DNS 服务器进行回复的。

（3）验证辅助 DNS 服务器的配置结果，在委派 DNS 服务器内切换到 /var/cache/bind/ 目录下，查看是否从主 DNS 服务器成功复制 zone 文件，代码如下：

```
root@GZDNS:~# cd /var/cache/bind/
root@GZDNS:/var/cache/bind# ll
总用量 8
-rw-r--r-- 1 bind bind 322 8 月  16 01:19 jan16.cn.zone
-rw-r--r-- 1 bind bind 221 8 月  16 00:52 managed-keys.bind
```

## 任务 7-3　实现香港办事处辅助 DNS 服务器的部署

### 任务规划

为加快域名解析速度，已在香港准备了一台安装 UOS 系统的服务器，用于部署公司的辅助 DNS 服务，公司网络拓扑如图 7-6 所示。

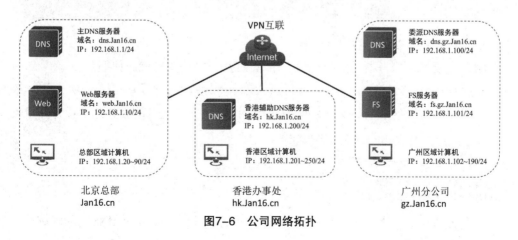

图7-6　公司网络拓扑

要实现香港办事处通过本地域名解析快速访问公司资源，要求香港办事处的

DNS服务器必须拥有全公司所有的域名数据。公司的域名数据存储在北京总部和广州分部两台DNS服务器上，因此香港办事处辅助DNS服务器必须复制北京总部和广州分部两台DNS服务器上的数据，才能实现香港办事处计算机域名的快速解析，从而提高对公司网络资源的访问效率。

要在香港办事处部署辅助DNS服务器，可以通过以下步骤完成。

（1）配置香港办事处辅助DNS服务器的IP地址。

（2）北京总部DNS服务器授权香港办事处辅助DNS服务器复制DNS记录。

（3）在香港办事处辅助DNS服务器上创建北京总部DNS辅助区域。

（4）广州分部DNS服务器授权香港办事处辅助DNS服务器复制DNS记录。

（5）在香港办事处辅助DNS服务器上创建广州分部DNS辅助区域。

**任务实施**

1.配置辅助DNS服务器的IP地址

使用【nmcli】命令配置辅助DNS服务器的IP地址为192.168.1.200/24，并查看IP地址是否配置正确，代码如下：

```
root@HKDNS:~# nmcli connection modify ens37 ipv4.addresses 192.168.1.200/24 ipv4.method manual
root@HKDNS:~# nmcli connection up ens37
连接已成功激活（D-Bus 活动路径：/org/freedesktop/NetworkManager/ActiveConnection/6）
root@HKDNS:~# ip addr show ens37
3: ens37: <BROADCAST,MULTICAST,UP,LOWER_UP> mtu 1500 qdisc pfifo_fast state UNKNOWN group default qlen 1000
    link/ether 00:0c:29:df:37:16 brd ff:ff:ff:ff:ff:ff
    inet 192.168.1.200/24 brd 192.168.1.255 scope global noprefixroute ens37
       valid_lft forever preferred_lft forever
    inet6 fe80::8d54:928b:5ced:4097/64 scope link noprefixroute
       valid_lft forever preferred_lft forever
```

2.配置DNS服务器的角色与功能

（1）安装DNS服务器，使用【apt】命令对包下载、安装，代码如下：

```
root@HKDNS:~# apt -y install bind9
```

（2）服务安装完成后，在香港办事处辅助DNS服务器上启动服务并设置为开机自动启动，最后检查服务的状态，代码如下：

```
root@HKDNS:~# systemctl start bind9
root@HKDNS:~# systemctl enable bind9
root@HKDNS:~# systemctl status bind9
```

3.在香港办事处辅助DNS服务器上创建北京总部和广州分部的DNS辅助区域

（1）在香港办事处辅助DNS服务器上配置DNS主配置文件。修改监听范围为

any，允许客户端访问修改为 any，注释 dnssec-validation、listen-on-v6 两个配置项，代码如下：

```
root@HKDNS:~# vim /etc/bind/named.conf.options
options {
        directory      "/var/cache/bind"; # 区域文件存放目录
        listen-on port 53 { any; }; #ipv4 监听端口
        allow-query { any; };        # 允许解析范围
//      dnssec-validation auto;
//      listen-on-v6 { any; };
}
```

（2）修改香港办事处辅助 DNS 服务器的区域配置文件，在文件末行添加辅助区域，指定从主 DNS 服务器和委派 DNS 服务器复制过来的正向解析区域文件的存放位置，指定主 DNS 服务器和委派 DNS 服务器的 IP 地址。由于在 named.conf.local 配置文件内已经定义了辅助区域数据文件存放的位置，所以定义之后，访问主配置文件时会自动查找区域配置文件，代码如下：

```
root@HKDNS:~# vim /etc/bind/zones.rfc1918
 zone "jan16.cn" IN {type slave; file "jan16.cn.zone"; masters {192.168.1.1;}; };
zone "gz.jan16.cn" IN {type slave; file "gz.jan16.cn.zone"; masters {192.168.1.100;}; };
root@HKDNS:~# vim /etc/bind/named.conf.local
include "/etc/bind/zones.rfc1918";          # 去掉应配置的注释
```

（3）完成配置后，在香港办事处辅助 DNS 服务器上检查配置文件语法是否正确，并重启 DNS 服务，查看服务状态，代码如下：

```
root@HKDNS:~# named-checkconf /etc/bind/zones.rfc1918
root@HKDNS:~# systemctl restart bind9
root@HKDNS:~# systemctl status bind9
```

任务验证

（1）查看香港办事处辅助 DNS 服务器 /var/cache/bind/ 目录下是否成功复制了主 DNS 服务器和委派 DNS 服务器的区域配置文件，代码如下：

```
root@HKDNS:~# cd /var/cache/bind/
root@HKDNS:/var/cache/bind# ll
-rw-r--r-- 1 bind bind  238 8 月  16 12:14 gz.jan16.cn.zone
-rw-r--r-- 1 bind bind  322 8 月  16 12:14 jan16.cn.zone
```

（2）验证香港办事处辅助 DNS 服务器上北京总部的辅助区域是否正确。将香港办事处客户端的 DNS 首选服务器地址指向香港办事处的辅助 DNS 服务器地址，通过【nslookup】命令，可以解析到 Web 服务器的地址，代码如下：

```
root@PC1:~# nmcli connection modify ens37 ipv4.dns 192.168.1.200
root@PC1:~# nmcli connection up ens37
```

```
root@PC1:~# cat /etc/resolv.conf
# Generated by NetworkManager
nameserver 192.168.1.200
root@PC1:~# nslookup web.jan16.cn
Server:          192.168.1.200
Address:         192.168.1.200#53


Name:   www.jan16.cn
Address: 192.168.1.10
```

（3）验证香港办事处辅助 DNS 服务器上广州分部的辅助区域是否配置正确。将香港办事处客户端的 DNS 首选服务器地址指向香港办事处的辅助 DNS 服务器地址，通过【nslookup】命令，可以解析到文件服务器的地址，代码如下：

```
root@PC1:~# nslookup fs.gz.jan16.cn
Server:          192.168.1.200
Address:         192.168.1.200#53


Name:   fs.gz.jan16.cn
Address: 192.168.1.101
```

## 任务 7-4　DNS 服务器的管理

**任务规划**

公司使用 DNS 服务器后，公司计算机和服务器的访问效率有了明显提高，并将 DNS 服务作为基础服务纳入日常管理。公司希望能定期对 DNS 服务器进行有效的管理与维护，以保障 DNS 服务器的稳定运行。

通过对 DNS 服务器实施递归管理、地址清理、备份等操作可以实现 DNS 服务器的高效运行，常见的工作任务有以下几个：

（1）启动和停止 DNS 服务器。

（2）设置 DNS 服务器的工作 IP 地址。

（3）配置 DNS 服务器的老化时间。

（4）配置 DNS 服务器的递归查询。

（5）DNS 服务的备份与还原。

**任务实施**

1. 启动或停止 DNS 服务器，查看 DNS 服务状态

使用【systemctl】命令启动并查看 DNS 服务状态，配置代码如下：

```
root@DNS:~# systemctl stop bind9    ## 停止 DNS 服务
root@DNS:~# systemctl start bind9   ## 启动 DNS 服务
root@DNS:~# systemctl status bind9  ## 查看 DNS 服务状态
```

2.设置DNS服务器的工作IP地址

如果DNS服务器本身拥有多个IP地址，那么，DNS服务器可以工作在多个IP地址中。考虑以下原因，通常DNS服务器都会指定其工作IP地址。

（1）为方便客户端配置TCP/IP的DNS地址，仅提供一个固定的DNS服务器工作IP地址作为客户端的DNS地址。

（2）考虑安全问题，DNS服务器通常仅开放其中一个IP地址对外提供服务。

设置DNS服务器的工作IP地址可以通过在DNS服务器中限制 DNS 服务器只侦听选定的IP地址来实现，具体操作过程如下。

在DNS主配置文件上修改【listen-on port】选项，端口号不需要修改，只需要修改后面的地址。这里需要改成DNS服务器的静态IP地址，如listen-on port 53 {192.168.1.1;}，如图7-7所示。

```
options {
        directory "/var/cache/bind";
        allow-query {any;};
        listen-on port 53 {192.168.1.1;};
        //dnssec-validation auto;
        //listen-on-v6 { any; };
};
```

图7-7　限制DNS服务侦听IP地址

3.配置DNS服务器的递归查询

递归查询是指DNS服务器在收到一个本地数据库不存在的域名解析请求时，该DNS服务器会根据转发器指向DNS服务器代为查询该域名，待获得域名解析结果后再将该解析结果转发给请求客户端。在此操作过程中，DNS客户端并不知道DNS服务器执行了递归查询。

默认情况下，DNS 服务器都启用了递归查询功能。如果DNS服务器收到大量本地不能解析的域名请求，就会相应产生大量的递归查询，这会占用服务器大量的资源。基于此原理，网络攻击者可以使用递归功能实现"拒 DNS 服务器服务"攻击。

因此，若网络中的 DNS 服务器不准备接收递归查询，则应在该服务器上禁用递归查询。关闭DNS服务器的递归查询步骤如下。

修改DNS服务器内的【recursion】选项，该选项默认为yes，即允许递归查询，将

yes修改成no即可，如图7-8所示。

图7-8　DNS服务器禁用递归查询

### 4. DNS服务的备份

系统管理员要备份DNS服务，需要将这些文件导出并备份到指定位置。DNS服务的备份步骤如下：

创建定时任务，计划每逢星期天对DNS服务的3个主要的配置文件进行备份，备份时文件名后加当前的时间，备份存储的位置在/backup/dns。

```
root@DNS:~# crontab -e
* * * * 0 /usr/bin/mkdir -p /backup/dns/$(date +\%Y\%m\%d)
* * * * 0 /usr/bin/cp -a /etc/bind/named.conf.local /etc/bind/zones.rfc1918 /etc/bind/*.zone /backup/dns/$(date +\%Y\%m\%d)
root@DNS:~# crontab -l
* * * * 0 /usr/bin/mkdir -p /backup/dns/$(date +\%Y\%m\%d)
* * * * 0 /usr/bin/cp -a /etc/bind/named.conf.local /etc/bind/zones.rfc1918 /etc/bind/*.zone /backup/dns/$(date +\%Y\%m\%d)
```

# 练习与实训

## 一、理论习题

1. DNS服务的配置文件是（　　）。

    A. /etc/bind/named.conf　　　　　　　　B. /etc/named

    C. /var/bind　　　　　　　　　　　　　　D. /var/named/slaves

2. UOS 系统下的DNS功能是通过（　　）服务来实现的。

    A. host　　　　　　B. hosts　　　　　　C. bind　　　　　　D. vsftpd

3. 在UOS系统中，可以完成主机名与IP地址的正向解析和反向解析任务的命令是（　　）。

    A. nslookup　　　　B. arp　　　　　　C. ipconfig　　　　D. dnslook

4. DNS服务的端口号为（　　）。

    A.53　　　　　　　B. 81　　　　　　　C. 67　　　　　　　D.21

5. DNS服务的区域配置文件为（　　）。

    A. /etc/named.rfc1912.zones　　　　B. /etc/named.root.key

    C. /etc/named.conf　　　　　　　　D. /etc/named/

6. 将计算机的IP地址解析为域名的过程，称为（　　）。

    A.正向解析　　　　　　　　　　　B.反向解析

    C.向上解析　　　　　　　　　　　D.向下解析

7. 根据DNS服务器对DNS客户端的响应方式不同，域名解析可分为哪两种类型？（　　）

    A.递归查询和迭代查询　　　　　　B.递归查询和重叠查询

    C.迭代查询和重叠查询　　　　　　D.正向查询和反向查询

8. DNS客户端向DNS服务器发出解析请求时，DNS服务器会向DNS客户端返回两种结果：查询结果或查询失败。如果当前DNS服务器无法解析名称，将不会告知DNS客户端，而是自行向其他DNS服务器查询并完成解析。这个过程称为（　　）。

    A.递归查询　　　　B.迭代查询　　　　C.正向查询　　　　D.反向查询

## 二、项目实训题

### 1.项目背景

Jan16公司需要部署信息中心、生产部和业务部的域名系统。根据公司的网络规划划分为3个网段，网络地址分别为172.20.1.0/24、172.21.1.0/24和172.22.1.0/24。公司网络拓扑如图7-9所示。

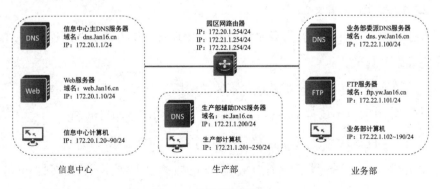

**图7-9　公司网络拓扑**

公司根据业务需要，在园区的各个部门部署了相应的服务器，要求管理员按以下要求完成实施与调试工作。

（1）信息中心部署了公司的主DNS服务器和Web服务器，服务器的域名、IP地址和服务器名称的映射关系如表7-8所示。

表7-8　信息中心服务器的域名、IP地址和服务器名称的映射关系

| 服务器角色 | 服务器名称 | IP地址 | 域名 | 位置 |
| --- | --- | --- | --- | --- |
| 主DNS服务器 | DNS | 172.20.1.1/24 | dns.Jan16.cn | 信息中心 |
| Web服务器 | Web | 172.20.1.10/24 | web.Jan16.cn | 信息中心 |

（2）业务部部署了公司的委派DNS服务器和公司的FTP服务器，服务器的域名、IP地址和服务器名称的映射关系如表7-9所示。

表7-9　业务部服务器的域名、IP地址和服务器名称的映射关系

| 服务器角色 | 服务器名称 | IP地址 | 域名 | 位置 |
| --- | --- | --- | --- | --- |
| 委派DNS服务器 | YWDNS | 172.22.1.100/24 | dns.yw.Jan16.cn | 业务部 |
| FTP服务器 | FTP | 172.22.1.101/24 | ftp.yw.Jan16.cn | 业务部 |

（3）生产部部署了公司的辅助DNS服务器和DHCP服务器，其域名、IP地址和服务器名称的映射关系如表7-10所示。

表7-10　生产部服务器的域名、IP地址和服务器名称的映射关系

| 服务器角色 | 服务器名称 | IP地址 | 域名 | 位置 |
| --- | --- | --- | --- | --- |
| 辅助DNS服务器 | SCDNS | 172.21.1.200/24 | sc.Jan16.cn | 生产部 |

为保证DNS数据安全，DNS服务器仅允许公司内部DNS服务器之间复制数据。

2. 项目要求

根据上述任务要求，配置各个服务器的IP地址，并测试全网的连通性，配置完毕后，完成以下测试。

（1）在信息中心的客户端截取以下测试结果。

①在Shell窗口中执行【ip address show】命令的测试结果截图。

②在Shell窗口中执行【ping sc.jan16.cn】命令的测试结果截图。

③在主DNS服务器上查看DNS服务正向查找区域主配置文件name.conf的截图。

④在主DNS服务器上查看DNS服务正向查找Jan16.cn.zone区域数据配置文件的截图。

⑤在主DNS服务器上查看DNS服务区域配置文件named.rfc1912.zone的截图。

（2）在生产部的客户端截取以下测试结果。

①在Shell窗口中执行【 ip address show 】命令的测试结果截图。

②在Shell窗口中执行【 ping ftp.yw.jan16.cn 】命令的测试结果截图。

③在辅助DNS服务器上查看DNS服务区域配置文件named.rfc1912.zone的截图。

（3）在业务部的客户端截取以下测试结果。

①在Shell窗口中执行【 ip address show 】命令的测试结果截图。

②在Shell窗口中执行【 ping web.jan16.cn 】命令的测试结果截图。

③在委派DNS服务器上查看DNS服务区域数据配置文件的截图。

④在委派DNS服务器上查看DNS服务区域配置文件的截图。

# 项目 8

## 部署企业的 Web 服务

扫一扫，
看微课

## 学习目标

（1）了解 Apache、Web、URL 的概念与相关知识。

（2）掌握 Web 服务的工作原理与应用。

（3）了解静态网站的发布与应用。

（4）掌握基于端口号、域名、IP 等多种技术实现多站点发布的概念与应用。

（5）掌握企业网站主流 Web 服务的部署业务实施流程。

## 项目描述

Jan16 公司有门户网站、人事管理系统、项目管理系统等服务系统。之前，这些系统全部由原系统开发商托管，随着公司规模的扩大和业务发展，考虑以上业务系统的访问效率和数据安全，公司由信息中心负责把托管的门户网站、人事管理系统、项目管理系统等服务系统部署到公司内部网络。公司要求信息中心尽快将这些业务系统部署到一台新购置的安装了 UOS 系统的服务器上，具体要求如下。

（1）门户网站为一个静态网站，访问地址为 192.168.1.1。

（2）人事管理系统为基于 IP 地址的网站，访问地址为 192.168.1.1:8081。

（3）项目管理系统为基于 DNS 域名的网站，访问地址为 http://xiangmu.Jan16.cn。

公司网络拓扑如图 8-1 所示。

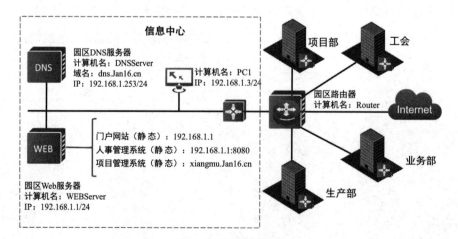

图8-1　公司网络拓扑

公司Web站点要求如表8-1所示。

表8-1　公司Web站点要求

| 设备名称 | IP地址 | 站点域名 | 默认站点目录 | 端口 | 用途 |
|---|---|---|---|---|---|
| WEBServer | 192.168.1.1 | / | /var/www/html/ | 80 | 门户网站 |
| | 192.168.1.1 | / | /var/www/8080 | 8081 | 人事管理系统 |
| | 192.168.1.1 | xiangmu.Jan16.cn | /var/www/xiangmu | 80 | 项目管理系统 |

# 项目分析

通过在UOS系统上安装Apache服务，可以实现HTML常见静态或动态网站的发布与管理。根据项目背景，具体可以分解为以下工作任务。

（1）部署企业的门户网站（HTML），实现基于Apache的静态网站发布。

（2）基于端口部署人事管理系统站点。

（3）基于域名部署项目管理系统站点。

# 相关知识

## 8.1　Web服务

WWW是Internet上应用十分广泛的一种信息服务技术。WWW采用的是客户端/服务器结构，整理和储存各种WWW资源，并响应客户端软件的请求，把所需的信息资源通过浏览器传送给客户端。

Web服务通常分为两种：静态Web服务和动态Web服务。

目前，最常用的动态网页语言有ASP/ASP.net（Active Server Pages）、JSP（Java Server Pages）和PHP（Hypertext Preprocessor）3种。

ASP/ASP.net是由微软公司开发的Web服务器开发环境，利用它可以产生和执行动态的、互动的、高性能的Web服务应用程序。

PHP是一种开源的服务器脚本语言。它大量借用C、Java和Perl等语言的语法，并耦合PHP自身的特性，使Web开发者能够快速地写出动态页面。

JSP是Sun公司推出的网站开发语言，它可以在ServerLet和JavaBean的支持下，完成功能强大的Web站点程序。

Linux支持PHP和JSP站点，PHP和JSP的发布需要安装PHP和JSP的服务安装包才能支持。ASP站点一般部署在Windows服务器上。

## 8.2 URL

URL（Uniform Resource Locator，统一资源定位符）也称为网页地址，用于标识Internet资源的地址，其标准格式如下。

【协议类型://主机名[:端口号]/路径/文件名】

URL由协议类型、主机号、端口号等信息构成，各模块内容简要描述如下。

1.协议类型

协议类型用于标记资源的访问协议类型，常见的协议类型包括HTTP、HTTPS、Gopher、FTP、Mailto、Telnet、File等。

2.主机名

主机名用于标记资源的名字，它可以是域名或IP地址。例如，http:// Jan16.cn/index.asp的主机名为"Jan16.cn"。

3.端口号

端口号用于标记目标服务器的访问端口号，端口号为可选项。如果没有填写端口号，就表示采用了协议默认的端口号，如HTTP默认的端口号为80，FTP默认的端口号为21。例如，"http://www.Jan16.cn"和"http://www.Jan16.cn:80"效果是一样的，因为80是HTTP服务的默认端口。再如，"http://www.Jan16.cn:8080"和"http://www.Jan16.cn"是不同的，因为两个服务的端口号不同。

4.路径/文件名

路径/文件名指明服务器上某资源的位置（其通常由目录/子目录/文件名这样的结构组成）。

## 8.3 Apache

Apache HTTP Server（简称Apache或HTTPD）是Apache软件基金会的一个开放源代码的网页服务器软件，旨在为UNIX、Windows等系统提供开源HTTPD服务。因其安全性、高效性及可扩展性而被广泛使用，Apache快速、可靠并且可通过简单的API

扩充，将Perl/Python等解释器编译到HTTPD的相关模块中。

Apache支持许多特性，大部分通过编译模块实现，这些特性从服务器的编程语言支持到身份认证方案。通用的语言接口支持Perl、Python、Tcl 和 PHP；流行的认证模块包括mod_access、mod_auth和mod_digest；其他还有SSL和TLS支持（mod_ssl）、代理服务器（proxy）模块，URL重写（由mod_rewrite实现）、定制日志文件（mod_log_config），以及过滤支持（mod_include和mod_ext_filter）等。

Apache具有以下特点。

（1）支持最新的HTTP/1.1通信协议。Apache是最先使用HTTP/1.1通信协议的Web服务器之一，它完全兼容HTTP/1.1通信协议。

（2）Apache几乎可以在所有的计算机操作系统上运行，包括主流的UNIX、Linux及Windows。

（3）支持多种方式的HTTP认证。

（4）支持Web目录修改。用户可以使用特定的目录作为Web目录。

（5）Apache支持虚拟主机，Apache支持基于IP地址、主机名和端口号3种类型的虚拟主机服务。

（6）支持多进程。当负载增加时，服务器会快速生成子进程来处理，从而提高系统的响应能力。

## 8.4　Web服务器的工作原理

（1）用户通过浏览器访问网页，浏览器获取访问网页的事件。

（2）客户端与浏览器建立TCP连接。

（3）浏览器将用户的事件按照HTTP协议格式打包为一个压缩包，其本质为在待发送缓冲区中加入一段HTTP协议格式的字节流。

（4）在成功建立TCP连接后，浏览器将数据报推送到网络中，最终提交给Web服务器。

（5）Web服务器接收到数据报后，以同样的格式进行解析，从而得出客户端所需要的资源，最后Web服务器进行分类处理，或提供某一文件，或处理相关数据。

（6）Web服务器将结果装入缓冲区内，按照HTTP协议格式对数据进行打包，并对客户端发送应答，最终将数据包递交给客户端。

（7）客户端接收到数据报后，以HTTP协议格式进行解包并解析数据，最后在浏览器中展示结果。

Web服务器的本质就是接收数据、HTTP解析、逻辑处理、HTTP封包、发送数据，Web服务器的工作原理如图8-2所示。

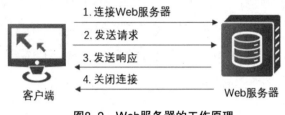

1. 连接Web服务器
2. 发送请求
3. 发送响应
4. 关闭连接

客户端　　　　　　　　　　　Web服务器

图8-2　Web服务器的工作原理

## 8.5 Apache常用文件及参数解析

Apache被广泛应用于计算机平台，是最流行的Web服务器软件之一，apache2服务程序的主要配置文件及存放位置如表8-2所示。

表8-2　apache2服务程序的主要配置文件及存放位置

| 配置文件名称 | 路径（存放位置） |
| --- | --- |
| 服务目录 | /etc/apache2 |
| 主配置文件 | /etc/apache2/apache2.conf |
| 默认站点主目录 | /var/www/html |
| 访问日志 | /var/log/apache2/access_log |
| 错误日志 | /var/log/apache2/error_log |

Apache服务器的全部配置信息都存储在主配置文件apache2.conf下，apache2.conf文件不区分大小写，文件内绝大部分内容都是以#开头的注释，文件包括以下3部分。

（1）Global Enviroment 全局环境配置，它决定着Apache服务的全局参数。

（2）Main Server Configuration 主服务器配置，相当于Apache服务中的默认站点。

（3）Virtual Host 虚拟主机，虚拟主机与主服务器存在着互斥关系，当启用虚拟主机时，主服务器停用。

apache2.conf常用参数及解析如表8-3所示。

表8-3　apache2.conf常用参数及其解析

| 常用参数 | 解析 |
| --- | --- |
| ServerRoot | Apache服务运行目录 |
| Listen | 监听的端口 |
| User | 运行服务的用户 |

续表

| 常用参数 | 解析 |
|---|---|
| Group | 运行服务的组 |
| ServerAdmin | 管理员邮箱 |
| DocumentRoot | 网站根目录 |
| &lt;Directory /PATH&gt;<br>options<br>&lt;/Directory&gt; | 网站对应目录的权限 |
| ErrorLog | 错误日志 |
| LogLevel | 警告级别 |
| CustomLog | 默认访问日志格式 |
| DirectoryIndex | 默认的索引文件 |
| Timeout | 网页超时时间 |
| Serveralias | 网站别名 |

对于 Apache 目录的权限设置可在 000-default.conf 文件的 Directory 容器内设置，容器语句需要成对出现。在容器内有 Options、AllowOverride、Limit 等指令进行访问控制，常见的 Apache 目录访问控制参数和 Options 选项参数解析如表 8-4 和表 8-5 所示。

表8-4　Apache目录访问控制选项及其解析

| 访问控制选项 | 解析 |
|---|---|
| Options | 设置特定目录中的服务器特性，具体参数选项的取值见表8-5 |
| AllowOverride | 设置访问控制文件.htaccess |
| Order | 设置Apache默认的访问权限及Allow、Deny语句的处理顺序 |
| Allow | 设置允许访问Apache服务的主机 |
| Deny | 设置拒绝访问Apache服务的主机 |

表8-5　Options参数及其解析

| 参数 | 解析 |
|---|---|
| Indexes | 允许目录浏览，当访问的目录中没有DirectoryIndex参数指定的网页文件时，会列出目录中的目录清单 |
| Multiviews | 允许内容协商的多重视图 |

续表

| 参数 | 解析 |
|---|---|
| All | 支持除Multiviews以外的所有选项，如果没有Options语句，默认为All |
| ExecCGI | 允许在该目录下执行CGI脚本 |
| FollowSysmLinks | 允许在该目录下使用符号链接，以访问其他目录 |
| Includes | 允许服务器使用SSL技术 |
| IncludesNoExec | 允许服务器使用SSL技术，但禁止执行CGI脚本 |
| SymLinksIfOwnerMatch | 目录文件与目录属于同一用户时支持符号链接 |

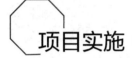 项目实施

## 任务 8-1 部署企业的门户网站（HTML）

**任务规划**

公司门户网站是一个用静态网页设计技术设计的网站，信息中心网站管理员小锐已经收到该网站的所有数据，并要求在一台 UOS 服务器上部署该站点，根据前期规划，公司门户网站的访问地址为 http://192.168.1.1。在服务器上部署静态网站，可通过以下步骤完成。

（1）部署 Apache 服务。

（2）修改 Apache 服务配置文件，实现静态网站的发布。

（3）启动 Apache 服务。

**任务实施**

1. 安装 Apache 服务器角色和功能

使用【apt】命令安装 apache2 服务，代码如下：

```
root@WEBServer:~# apt -y install apache2
```

2. 通过 Apache 发布静态网站

通过【vim】命令在目录 /var/www/html 下创建名为【index.html】的文件，并在文件内写入【Welcome to China!】，代码如下：

```
root@WEBServer:~# vim /var/www/html/index.html
Welcome to China!
```

3.启动 Apache 服务

通过【systemctl】命令启动 Apache 的相关服务，并设置 Apache 的服务为开机自动启动，代码如下：

```
root@WEBServer:~# systemctl restart apache2.
root@WEBServer:~# systemctl enable apache2
```

**任务验证**

（1）通过【ss】命令查看 apache2 服务所监听的端口情况，代码如下：

```
root@WEBServer:~# ss -lnt | grep 80
LISTEN    0        511            *:80          *:*
```

（2）切换到公司客户端 PC1，修改 IP 地址为 192.168.1.2/24，代码如下：

```
root@PC1:~# nmcli connection modify ens37 ipv4.addresses 192.168.1.2/24 ipv4.method manual
root@PC1:~# nmcli connection up ens37
```

（3）在公司客户端 PC1 上使用浏览器访问网址 http://192.168.1.1，结果显示公司网站均能正常访问，如图 8-3 所示。

图8-3　使用浏览器基于IP地址访问公司门户网站

# 任务 8-2　基于端口部署人事管理系统站点

**任务规划**

由于公司的门户网站已经占用了服务器上的 80 端口，因此在建设人事管理系统站点时，如果使用同一端口就会报错，按照规划本任务需要基于 8081 端口部署人事管理系统的站点。在 UOS 系统中主要使用虚拟主机的方式进行多站点的部署。本任务主要有以下几个步骤。

（1）配置 Apache 服务配置文件，实现基于不同端口的站点发布。

（2）配置站点测试页面。

（3）重新启动 apache2 服务。

**任务实施**

1.配置 Apache 服务配置文件

修改 Apache 服务的主配置文件，在原文件基础上增加监听端口和虚拟主机的设置。配置命令如下：

```
root@WEBServer:~# vim /etc/apache2/sites-enabled/vhosts.conf
Listen 8081                          ## 设置 Apache 服务监听端口
<VirtualHost 192.168.1.1:8081>       ## 设置虚拟主机站点为 192.168.1.1:8081
  DocumentRoot /var/www/8081         ## 设置虚拟主机站点对应的根目录
  ServerName 192.168.1.1:8081        ## 设置虚拟主机站点的服务器名称
</VirtualHost>
```

2.配置站点测试页面

（1）创建虚拟主机站点对应的根目录，代码如下：

```
root@WEBServer:~# mkdir /var/www/8081
```

（2）创建虚拟站点测试页面，默认为index.html，代码如下：

```
root@WEBServer:~# echo "port:8081" > /var/www/8081/index.html
```

3.重新启动apache2服务

通过【systemctl】命令重启apache2服务，代码如下：

```
root@WEBServer:~# systemctl restart apache2
```

**任务验证**

（1）在服务器上使用【ss】命令检查Apache服务启动的端口，应能查看到8081端口已成功启动，代码如下：

```
root@WEBServer:~# ss -lnt | grep 8081
LISTEN      0        511              *:8081        *:*
```

（2）在公司客户端PC1上，使用浏览器访问192.168.1.1:8081网页，查看是否能正常访问，如图8-4所示。

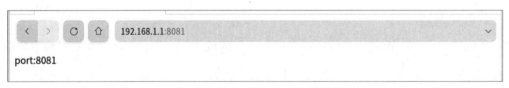

图8-4　成功访问8081端口页面

# 任务 8-3　基于域名部署项目管理系统站点

**任务规划**

公司的项目管理系统主要用于全国各区域项目部的员工管理项目相关资源及信息。站点需要具有较高的安全性，本任务将通过设置Apache虚拟目录及访问控制的方式解决这一问题，访问控制包括IP地址访问控制、用户访问控制。另外，项目管理系统需要通过一个DNS域名来访问，避免项目部员工因不记得详细的IP地址而访问不了项目管理系统。综上，本任务需要通过以下几个步骤来完成。

（1）配置 Apache 服务主配置文件，实现基于 DNS 域名的站点发布，设置站点时使用虚拟目录。

（2）添加认证用户和站点测试页面，为 Apache 用户访问控制提供支持。

（3）重新启动 Apache 服务，生效站点配置。

**任务实施**

在本任务中，DNS 服务器已经添加了 xiangmu.Jan16.cn 的域名记录。

1.配置 Apache 服务主配置文件。

修改 Apache 服务主配置文件，配置基于域名的虚拟主机并设置虚拟目录，代码如下：

```
root@WEBServer:~# vim /etc/apache2/sites-enabled/vhosts.conf
<VirtualHost *:80>
        ServerName xiangmu.jan16.cn
        DocumentRoot /var/www/xiangmu
</VirtualHost>
```

2.创建站点内容

创建【/var/www/xiangmu】文件目录，用于存放站点页面文件，页面文件中需要输入内容【uos】，代码如下：

```
root@WEBServer:~# mkdir /var/www/xiangmu
root@WEBServer:~# echo "uos" > /var/www/xiangmu/index.html
```

3.重新启动 Apache 服务

通过【systemctl】命令重新启动 apache2 的服务，站点配置生效，代码如下：

```
root@WEBServer:~# systemctl restart apache2
```

4.修改内部客户端（PC1）hosts 映射文件，代码如下：

```
root@PC1:~# vim /etc/hosts
192.168.1.1 xiangmu.jan16.cn# 添加主机映射
```

**任务验证**

在公司内部客户端（PC1）上使用【curl http://xiangmu.jan16.cn】命令访问站点，输入【uos】，代码如下：

```
root@PC1:~# curl http://xiangmu.jan16.cn
uos
```

# 练习与实训

## 一、理论习题

1. Web 的主要功能是（　　　）。

    A. 传送网上所有类型的文件　　　　B. 远程登录

    C. 收发电子邮件　　　　　　　　　D. 提供浏览网页服务

2. HTTP 的中文意思是（　　　）。

    A. 高级程序设计语言　　　　　　　B. 域名

    C. 超文本传输协议　　　　　　　　D. 互联网网址

3. 当使用无效凭据的客户端尝试访问未经授权的内容时，HTTPD 将返回（　　　）错误。

    A. 401　　　　　　　　　　　　　B. 402

    C. 403　　　　　　　　　　　　　D. 404

4. HTTPS 使用的端口是（　　　）。

    A. 21　　　　　　　　　　　　　　B. 23

    C. 25　　　　　　　　　　　　　　D. 443

5. Apache 的主配置文件和默认站点主目录为（　　　）和（　　　）。

6. 在 Apache 配置文件中出现了以 "DocumentRoot" 开头的语句，该字段的含义是（　　　）。

    A. Apache 服务监听的端口号　　　B. 设置默认文档

    C. 设置相对根目录的路径　　　　　D. 设置主目录的路径

## 二、项目实训题

### 1. 项目背景与需求

Jan16 公司需要部署信息中心的门户网站、生产部的业务应用系统和业务部的内部办公系统。根据公司的网络规划，划分 VLAN1、VLAN2 和 VLAN3 三个网段，网络地址分别为 172.20.0.0/24、172.21.0.0/24 和 172.22.0.0/24。

公司采用 UOS 服务器作为各部门互联的路由器，公司的 DNS 服务部署在业务部服务器上，Jan16 公司的网络拓扑如图 8-5 所示。

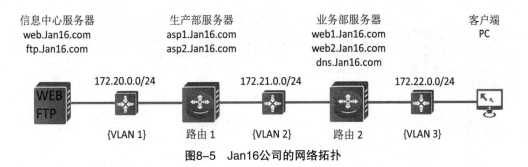

图8-5　Jan16公司的网络拓扑

公司希望网络管理员在实现各部门互联互通的基础上完成各部门网站的部署,具体需求如下。

(1)第1台信息中心服务器用于发布公司门户网站(静态),公司门户网站信息如表8-6所示。

表8-6　公司门户网站信息

| 网站名称 | IP地址/子网掩码 | 端口号 | 网站域名 |
| --- | --- | --- | --- |
| 门户网站 | | | web.Jan16.com |

(2)第2台生产部服务器用于发布生产部的两个业务应用系统(静态),这两个业务应用系统只允许通过域名访问,生产部业务应用系统信息如表8-7所示。

表8-7　生产部业务应用系统信息

| 网站名称 | IP地址/子网掩码 | 端口号 | 网站域名 |
| --- | --- | --- | --- |
| 业务应用系统asp1 | | | asp1.Jan16.com |
| 业务应用系统asp2 | | | asp2.Jan16.com |

(3)第3台业务部服务器用于发布业务部的两个内部办公系统(静态),这两个内部办公系统必须通过不同的IP地址访问,业务部办公系统信息如表8-8所示。

表8-8　业务部办公系统信息

| 网站名称 | IP地址/子网掩码 | 端口号 | 网站域名 |
| --- | --- | --- | --- |
| 内部办公系统Web1 | | | web1.Jan16.com |
| 内部办公系统Web2 | | | web2.Jan16.com |

2.项目实施要求

(1)根据项目网络拓扑,完成表8-9。

表8-9　IP信息规划

| 设备 | 计算机名 | IP地址/子网掩码 | 网关 | DNS |
|---|---|---|---|---|
| 信息中心服务器 | | | | |
| 生产部服务器 | | | | |
| 业务部服务器 | | | | |
| 客户端 | | | | |

（2）根据网络规划信息和网站部署要求，完成表8-6、表8-7、表8-8所示的网站配置信息。

（3）根据项目要求，完成实训内容，并截取以下实训过程截图。

①在客户端PC的终端上运行【ping web.jan16.com】命令的截图。

②在生产部服务器的Shell对话框中运行【ip route】命令的截图。

③在业务部服务器的Shell对话框中运行【ip route】命令的截图。

④使用客户端PC的浏览器访问公司的门户网站的截图。

⑤使用客户端PC的浏览器访问生产部的两个业务应用系统的域名的截图。

⑥使用客户端PC的浏览器访问业务部的两个内部办公系统首页的截图。

# 项目 9

## 部署企业的 FTP 服务

扫一扫，
看微课

学习目标

（1）掌握FTP服务的工作原理。

（2）了解FTP的典型消息。

（3）掌握匿名FTP与实名FTP的概念与应用。

（4）掌握FTP多站点的概念与应用。

（5）掌握企业网FTP服务的部署业务实施流程。

项目描述

Jan16公司信息中心的文件共享服务能有效地提高信息中心的网络工作效率，公司希望能在信息中心部署公司文档中心，为各部门提供FTP服务，以提高公司的工作效率。公司网络拓扑如图9-1所示。

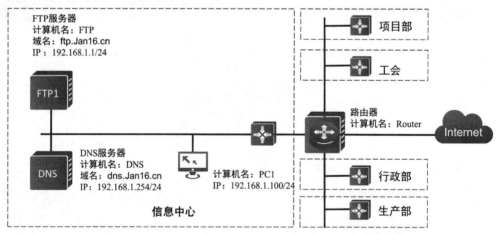

图9-1　公司网络拓扑

FTP服务部署要求如下。

（1）在FTP服务器上部署FTP服务、创建FTP站点，为公司所有员工提供文件共享服务，从而提高工作效率，具体要求有以下几点。

①在/srv/ftp目录下创建【文档中心】目录，并在该目录中创建【产品技术文档】【公司品牌宣传】【常用软件工具】【公司规章制度】子目录，以便实现公共文档的分

类管理。

②创建FTP公共站点，站点根目录为【文档中心】，仅允许员工下载文档。

③FTP的访问地址为ftp://192.168.1.1。

（2）在FTP服务器上建立部门级数据共享空间，具体要求有以下几点。

①在/srv/ftp目录下为各部门建立【部门文档中心】目录，并在该目录中创建【行政部】【项目部】等部门专属目录，并为各部门创建相应的服务账户。

②基于不同端口部署FTP部门站点，根目录为【部门文档中心】，该站点不允许用户修改根目录结构，仅允许各部门使用专属服务账户访问对应部门的专属目录，专属服务账户对专属目录有上传和下载的权限。

③为各部门设置专门访问账户，仅允许它们访问【文档中心】和部门专属目录文档。

④FTP的访问地址为ftp://192.168.1.1:2100。

（3）工会主要负责管理全国各分部的员工，不同职位的员工拥有的权限不同，其中负责人是小赵，普通员工包括小陈、小蔡。因此公司需要在FTP服务器上对工会FTP站点的权限进行详细划分，具体要求有以下几点。

①FTP访问地址为ftp://192.168.1.1:2120。

②FTP站点根目录为【/srv/ftp/部门文档中心/工会】。

③不同角色的用户对工会的文件夹具有不同的权限，具体如表9-1所示。

表9-1　工会用户权限表

| 用户 | 角色 | /srv/ftp/部门文档中心/工会 |
| --- | --- | --- |
| 小赵 | 负责人 | 完全控制 |
| 小陈 | 普通员工 | 只读、下载、不能上传 |
| 小蔡 | 普通员工 | 只读、下载、不能上传 |

# 项目分析

通过部署文件共享服务可以让局域网内计算机访问共享目录内的文档，但不同局域网内的用户则无法访问该共享目录。FTP服务与文件共享类似，用于提供文件共享访问服务，但是它提供服务的网络不再局限于局域网，用户还可以通过广域网进行访问。因此，可以在公司的服务器上建立FTP站点，并在FTP站点上部署共享目录，这样就可以实现公司文档的共享，员工便可以方便地访问该站点的文档。

根据项目背景，分别在UOS服务器上部署FTP站点服务，可以通过以下工作任务来完成，具体如下。

（1）部署企业公共FTP站点，实现公司公共文档的分类管理，方便员工下载。

（2）部署部门专属FTP站点，实现部门级数据共享，以提高数据安全性和工作效率。

（3）配置FTP服务器权限，实现FTP站点权限的详细划分，从而提高网络安全性。

# 相关知识

FTP（File Transfer Protocol，文件传输协议）定义了一个在远程计算机系统和本地计算机系统之间传输文件的标准，工作在应用层，使用TCP在不同的主机之间提供可靠的数据传输。由于TCP是一种面向连接的、可靠的传输协议，因此FTP可提供可靠的文件传输。FTP支持断点续传功能，它可以大幅减少CPU和网络带宽的开销。在Internet诞生初期，FTP就已经被应用在文件传输服务上，并且一直作为主要的服务被广泛部署，在Windows、Linux、UNIX等各种常见的网络操作系统中被广泛应用。

## 9.1 FTP协议的组成

FTP是TCP/IP协议组中的协议之一。FTP有两个组成部分，其一为FTP服务器；其二为FTP客户端。其中，FTP服务器用来存储文件，用户可以使用FTP客户端，通过FTP访问位于FTP服务器上的资源。在开发网站的时候，通常利用FTP把网页或程序传到Web服务器上。此外，由于FTP传输效率非常高，所以常用于在网络上传输大文件的情况。

## 9.2 常用FTP服务器和客户端程序

目前，市面上有众多的FTP服务器和客户端程序，表9–2中列出了基于Windows和Linux两种平台的常用FTP服务器和客户端程序。

表9-2　基于Windows和Linux两种平台的常用FTP服务器和客户端程序

| 程序 | 基于Windows平台 | | 基于Linux平台 | |
|---|---|---|---|---|
| | 名称 | 连接模式 | 名称 | 连接模式 |
| FTP服务器程序 | IIS | 主动、被动 | vsftpd | 主动、被动 |
| | Serv-U | 主动、被动 | proftpd | 主动、被动 |
| | Xlight FTP Server | 主动、被动 | Wu-ftpd | 主动、被动 |
| FTP客户端程序 | 命令行工具FTP | 默认为主动 | 命令行工具lftp | 默认为主动 |
| | 图形化工具：CuteFTP、LeapFTP | 主动、被动 | 图形化工具：gFTP、IglooFTP | 主动、被动 |
| | Web浏览器 | 主动、被动 | Mozilla浏览器 | 主动、被动 |

## 9.3 FTP的典型消息

在用FTP客户端程序与FTP服务器进行通信时，经常会看到一些由FTP服务器发送过来的消息，这些消息是由FTP所定义的。表9-3中列出了一些典型的FTP消息。

表9-3　FTP协议中定义的典型消息

| 消息号 | 含 义 |
|---|---|
| 120 | 服务在多少分钟内准备好 |
| 125 | 数据连接已经打开，开始传送 |
| 150 | 文件状态正确，正在打开数据连接 |
| 200 | 命令执行正确 |
| 202 | 命令未被执行，该站点不支持此命令 |
| 211 | 系统状态或系统帮助信息回应 |
| 212 | 目录状态 |
| 213 | 文件状态 |
| 214 | 帮助消息。关于如何使用本服务器或特殊的非标准命令 |
| 220 | 对新连接用户的服务已准备就绪 |
| 221 | 控制连接关闭 |
| 225 | 数据连接打开，无数据传输正在进行 |
| 226 | 正在关闭数据连接。请求的文件操作成功（如文件传送或终止） |
| 227 | 进入被动模式 |
| 230 | 用户已登录。如果不需要可以退出 |

| 消息号 | 含　义 |
|---|---|
| 250 | 请求的文件操作完成 |
| 331 | 用户名正确，需要输入密码 |
| 332 | 需要登录的账户 |
| 350 | 请求的文件操作需要更多的信息 |
| 421 | 服务不可用，控制连接关闭。例如，由于同时连接的用户过多（已达到同时连接的用户数量限制）或连接超时 |
| 425 | 打开数据连接失败 |
| 426 | 连接关闭，传送中止 |
| 450 | 请求的文件操作未被执行 |
| 451 | 请求的操作中止，发生本地错误 |
| 452 | 请求的操作未被执行，系统存储空间不足，文件不可用 |
| 500 | 语法错误，命令不可识别，可能是命令行过长 |
| 501 | 因参数错误导致语法错误 |
| 502 | 命令未被执行 |
| 503 | 命令顺序错误 |
| 504 | 由于参数错误，命令未被执行 |
| 530 | 账户或密码错误，未能登录 |
| 532 | 存储文件需要账户信息 |
| 550 | 请求的操作未被执行，文件不可用（如文件未找到或无访问权限） |
| 551 | 请求的操作被中止，页面类型未知 |
| 552 | 请求的文件操作被中止，超出当前目录的存储分配 |
| 553 | 请求的操作未被执行，文件名不合法 |

## 9.4 匿名 FTP 与实名 FTP

### 1. 匿名 FTP

使用 FTP 时必须先登录 FTP 服务器，在远程主机上获取相应的用户权限以后，方可进行文件的下载或上传操作。也就是说，如果要想同哪一台计算机进行文件传输，那么就必须获取该台计算机的相关使用授权。换言之，除非有登录计算机的账户和口令，否则便无法进行文件传输。

但是，这种配置管理方法违背了Internet的开放性，Internet上的FTP服务器主机太多了，不可能要求每个用户在每台FTP服务器上都拥有各自的账户。因此，匿名FTP就应运而生了。

匿名FTP是这样一种机制：用户可以通过匿名账户连接到远程主机上，并从主机上下载文件，而无须成为FTP服务器的注册用户。此时，系统管理员会建立一个特殊的用户账户，名为Anonymous，Internet上的任何人在任何地方都可使用该匿名账户下载FTP服务器上的资源。

2.实名FTP

相对于匿名FTP，一些FTP服务仅允许特定用户访问，为一个部门、组织或个人提供网络共享服务，我们称这种FTP服务为实名FTP。

用户访问实名FTP时需要输入账户和密码，FTP管理员需要在FTP服务器上注册相应的用户账户。

## 9.5 FTP的工作原理与工作方式

一个FTP会话通常包括5个软件元素的交互，表9-4中列出了这5个软件元素，图9-2描述了FTP的工作模型。

表9-4 FTP会话的5个软件元素

| 软件元素 | 说明 |
| --- | --- |
| 用户接口（UI） | 提供了一个用户接口并使用客户端协议解释器的服务 |
| 客户端协议解释器（CPI） | 向远程服务器协议机发送命令并且驱动客户端传输数据 |
| 服务器协议解释器（SPI） | 响应客户端协议机发出的命令并驱动服务器传输数据 |
| 客户端数据传输协议（CDTP） | 负责完成与服务器的数据传输过程，以及与客户端本地文件系统的通信 |
| 服务器数据传输协议（SDTP） | 负责完成与客户端的数据传输过程，以及与服务器文件系统的通信 |

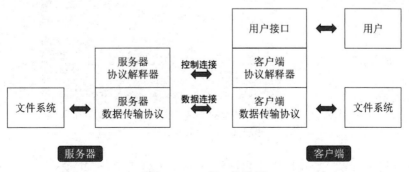

图9-2 FTP的工作模型

大多数TCP应用时使用单个连接，一般是客户端向服务器的一个固定端口发起连接请求，然后使用这个连接进行通信。但是，FTP却有所不同，FTP在运作时要使用两个TCP连接。

在TCP会话中，存在两个独立的TCP连接，一个是由CPI和SPI使用的，称为控制连接；另一个是由CDTP和SDTP使用的，称为数据连接。FTP独特的双端口连接结构的优势在于这两个连接可以选择各自合适的服务质量。例如，为控制连接提供更短的延迟时间和为数据连接提供更大的数据吞吐量。

控制连接在执行FTP命令时由客户端发起请求同FTP服务器建立连接。控制连接并不传输数据，只用来传输控制数据传输的FTP命令集及其响应。因此，控制连接只需要很小的网络宽带。

通常情况下，FTP服务器监听21端口等待建立连接。一旦客户端和服务器建立连接，控制连接将始终保持连接状态，而数据连接端口20仅在传输数据时开启。在客户端请求获取FTP文件目录、上传文件和下载文件等操作时，客户端和服务器将建立一条数据连接，这里的数据连接是全双工的，允许同时进行双向的数据传输，并且客户端的端口号是随机产生的，多次建立连接的客户端端口号是不同的，一旦传输结束，就要马上释放这条数据连接。FTP客户端和服务器请求连接、建立连接、传输数据、数据传输完成、断开连接的工作过程如图9-3所示，其中客户端端口1088和1089是在客户端随机产生的。

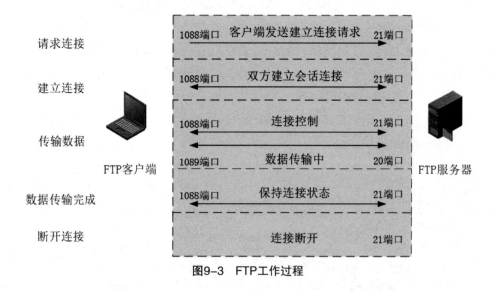

图9-3　FTP工作过程

FTP支持两种模式，一种模式叫作Standard（也就是 Port，主动模式）；另一种模式叫作 Passive（也就是 Pasv，被动模式）。Standard 模式下 FTP 的客户端发送 Port 命令到 FTP 服务器上。Passive 模式下 FTP 的客户端发送 Pasv 命令到 FTP 服务器上。

（1）主动模式工作原理。

FTP 客户端首先和 FTP 服务器的 TCP 21 端口建立连接，通过这个通道发送命令，客户端需要接收数据的时候在这个通道上发送 Port 命令。Port 命令包含了客户端用什么端口接收数据。在传送数据的时候，服务器通过自己的 TCP 20 端口连接至客户端的指定端口发送数据。FTP Server 必须和客户端建立一个新的连接来传送数据。

（2）被动模式工作原理。

在建立控制通道的时候 Passive 模式和 Standard 模式类似，但建立连接后发送的不是 Port 命令，而是 Pasv 命令。FTP 服务器收到 Pasv 命令后，随机打开一个高端端口（端口号大于 1024）并通知客户端在这个端口上传送数据的请求，客户端连接 FTP 服务器此端口，通过三次握手建立通道，然后 FTP 服务器将通过这个端口进行数据传送。

很多防火墙在设置的时候都是不允许接受外部发起的连接的，所以许多位于防火墙后或内网的 FTP 服务器不支持 Pasv 模式，因为客户端无法穿过防火墙打开 FTP 服务器的高端端口；而许多内网的客户端不能用 Port 模式登录 FTP 服务器，因为从服务器的 TCP 20 端口无法和内部网络的客户端建立一个新的连接，会出现无法工作的情况。

## 9.6 FTP 服务常用文件及参数解析

FTP 服务软件包主要包括以下文件。

1. 主配置文件 /etc/vsftpd.conf

/etc/vsftpd.conf 文件内包含了大量参数，不同的参数可以实现对 vsftpd 服务功能的实现和权限的控制，但其中大部分参数都是以 "#" 开头的注释，在配置前可将原始的主配置文件进行备份，随后再重写新的主配置文件。/etc/vsftpd.conf 文件书写的格式为 "option=value"，注意 "=" 号两边不能留空格。每行前后也不能有多余的空格，选项区分大小写，特殊情况选项值不区分。

如果要查询 vsftp 的 man 文档，以获得 vsftp 的详细选项配置说明，请输入 "man vsftpd.conf"。

表 9-5 中列举了 vsftpd 服务的程序主配置文件中常用的参数及其解析。

表9-5　vsftpd服务的程序主配置文件中常用的参数及其解析

| 参数 | 解析 |
| --- | --- |
| anonymous_enable=YES/NO | 是否允许匿名访问，YES为允许，NO为拒绝 |
| local_enable=YES/NO | 是否允许本地用户登录，YES为允许，NO为拒绝 |
| write_enable=YES/NO | 用户是否可以读写，YES为允许，NO为拒绝 |
| local_umask=022 | 权限掩码，即默认创建文件的权限为777-022=755 目录权限是666-022=64 |
| anon_upload_enable=YES/NO | 是否允许匿名用户上传文件，YES为允许，NO为拒绝 |
| anon_mkdir_write_enable=YES/NO | 是否允许默认用户创建文件夹，YES为允许，NO为拒绝 |
| dirmessage_enable=YES/NO | 用户首次进入新目录时可以显示消息。在进入目录时是否显示.message文件的内容，YES为允许，NO为拒绝 |
| xferlog _enable=YES/NO | 是否启用日志文件，上传或下载的日志被记录在/var/log/vsftpd.log中。YES为允许，NO为拒绝 |
| connect_from_port_20=YES | 控制以Port模式进行数据传输时是否使用20端口(ftp-data)。YES为允许，NO为拒绝 |
| chown_uploads=YES<br>chown_username=whoever | 这两行要成对出现，意思：上传文件后，文件的所有者变成whoever，不能重新上传覆盖该文件 |
| pam_service_name=vsftpd | 列出与vsftpd相关的PAM文件 |
| userlist_enable=YES/NO | 当该选项设为YES时，启用配置文件/etc/vsftpd.user_list：<br>1.若此时没有userlist_deny=NO，则/etc/vsftpd.user_list中用户不能访问FTP；<br>2.若存在userlist_deny=NO，则仅接受/etc/vsftpd.user_list中存在用户登录FTP的请求（前提是这些用户不存在于/etc/vsftpd/ftpusers中）<br>当该选项设置为NO时，不启用/etc/vsftpd.user_list配置文件 |
| userlist_file=/etc/vsftpd.user_list | 默认的用户名单 |
| guest_enable=YES/NO | 是否开启用户身份验证，YES为开启，NO为关闭 |
| guest_username=ftp | 映射登录的用户的身份为guest，配合上面选项生效 |
| local_root=/srv/ftp | 设定本地用户登录的主目录位置 |
| anon_root=/srv/ftp | 设定匿名用户登录的主目录位置 |
| pasv_enable=YES<br>#port_enable=YES | Port为主动模式，Pasv为被动模式，两种模式不能同时使用，必须注释掉一个 |
| pasv_min_port=9000<br>pasv_max_prot=9200 | 使用被动模式时端口的范围，本例为9000～9200 |

| 参数 | 解析 |
| --- | --- |
| use_localtime=YES/NO | 是否使用本地时间，YES为使用，NO为不使用 |
| anon_umask=022 | 匿名用户上传文件的umask值 |
| anon_upload_enable=YES | 允许匿名用户上传文件 |
| chroot_local_user=YES | 锁定所有系统用户在家目录中 |
| anon_other_write_enable=YES | 允许匿名用户修改目录名称或删除目录 |
| chroot_list_enable=YES/NO | 锁定特定用户在家目录中，当chroot_local_user=YES时，则chroot_list中用户不禁锢；当chroot_local_user=NO时，则chroot_list中用户禁锢 |
| ftpd_banner="welcome to mage ftp server" | 自定义FTP登录提示信息 |
| max_clients=0 | 最大并发连接数 |
| max_per_ip=0 | 每个IP同时发起的最大连接数 |
| anon_max_rate=0 | 匿名用户的最大传输速率 |
| local_max_rate=0 | 本地用户的最大传输速率 |

**2.vsftpd认证文件 /etc/pam.d/vsftpd**

该文件主要用于加强vsftpd服务器的用户认证，决定vsftpd使用何种认证方式，既可以是本地系统的真实用户认证（模块pam_unix），也可以是独立的用户认证数据库（模块pam_userdb），还可以是网络上的LDAP数据库（模块pam_ldap）等。此文件中file=/etc/vsftpd/ftpusers字段，指明阻止访问的用户来自/etc/vsftpd/ftpusers文件。文件的代码如下所示：

```
#%PAM-1.0

session   optional   pam_keyinit.so   force revoke
auth      required    pam_listfile.so item=user sense=deny file=/etc/vsftpd/ftpusers onerr=succeed
auth      required    pam_shells.so
auth      include     password-auth
account   include     password-auth
session   required    pam_loginuid.so
session   include     password-auth
```

**3.黑名单文件 /etc/vsftpd/ftpusers**

ftpusers文件不受任何配置项的影响，它总是有效的，是一个黑名单文件。该文件存放的是一个禁止访问FTP的用户列表，出于安全考虑，管理员通常不希望一些拥有过大权限的账户（如 root）登录 FTP，以免通过该账户在 FTP 上上传或下载一些危险位置上的文件从而损坏系统。该文件默认包含了 root、bin、daemon 等系统账户。文件的部分代码如下所示：

```
# Users that are not allowed to login via ftp  // 不允许下列用户登录 FTP
root
bin
daemon
adm
lp
sync
shutdown
【 ... 省略显示部分内容 ... 】
```

4. 用户列表文件 /etc/vsftpd.user_list

这个文件中包含的用户可能是被拒绝访问 vsftpd 服务的用户，也可能是被允许访问的用户，这完全取决于 vsftpd 的主配置文件（/etc/vsftpd.conf）中的【userlist_deny】参数和【userlist_enable】参数是设置为【YES】（默认值）还是【NO】，代码如下：

```
userlist_enable=YES  userlist_deny=YES      黑名单，拒绝文件中的用户通过 FTP 访问
userlist_enable=YES  userlist_deny=NO       白名单，拒绝除文件中的用户外的用户通过 FTP 访问
userlist_enable=NO   userlist_deny=YES/NO   无效名单，表示没有对任何用户限制通过 FTP 访问
```

5. 默认共享站点目录 /srv/ftp

该目录是 vsftpd 提供服务的文件集散地，它包括一个 pub 子目录。在默认配置下，所有的目录都是只读状态，只有 root 用户拥有写权限。

## 任务实施

### 任务 9-1　企业公共 FTP 站点的部署

**任务规划**

在 FTP1 服务器上创建一个 FTP 公共站点，并在站点根目录【/srv/ftp/ 文档中心】下分别创建【产品技术文档】【公司品牌宣传】【常用软件工具】【公司规章制度】子目录，以实现公共文档的分类管理，方便员工下载文档，任务网络拓扑如图 9-4 所示。

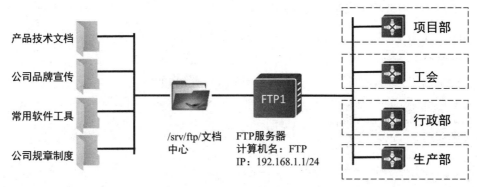

图9-4　任务网络拓扑

统信UOS服务器具备FTP 服务的功能,本任务可以在FTP服务器上安装FTP 服务,并通过以下步骤实现公司FTP站点的建设。

(1)在FTP服务器上创建FTP站点目录。

(2)在FTP服务器上安装vsftpd服务。

(3)修改FTP服务主配置文件的参数。

(4)启动FTP服务。

任务实施

1.在FTP服务器上创建FTP站点目录

(1)在FTP服务器的/srv/ftp目录下创建【文档中心】目录,并在【文档中心】目录中创建【产品技术文档】【公司品牌宣传】【常用软件工具】【公司规章制度】子目录。在【产品技术文档】目录中创建a.txt文件,代码如下:

```
root@FTP:~# mkdir /srv/ftp/ 文档中心
root@FTP:~# cd /srv/ftp/ 文档中心 /
root@FTP:/srv/ftp/ 文档中心 # mkdir 产品技术文档 公司品牌宣传 常用软件工具 公司规章制度
root@FTP:/srv/ftp/ 文档中心 # ll
总用量 0
drwxr-xr-x 2 root root 6 8 月　11 12:23 产品技术文档
drwxr-xr-x 2 root root 6 8 月　11 12:23 公司品牌宣传
drwxr-xr-x 2 root root 6 8 月　11 12:23 常用软件工具
drwxr-xr-x 2 root root 6 8 月　11 12:23 公司规章制度
root@FTP:/srv/ftp/ 文档中心 # cd 产品技术文档 /
root@FTP:/srv/ftp/ 文档中心 / 产品技术文档 # touch a.txt
```

(2)修改【文档中心】目录的默认所属组和所属组参数,避免出现用户无法读写目录数据的情况,代码如下:

```
root@FTP:/srv/ftp/ 文档中心 # chown -R ftp.ftp /srv/ftp/ 文档中心 /
```

### 2. 在 FTP 服务器上安装 vsftp 服务

（1）使用【apt】命令安装 vsftpd 服务，代码如下：

```
root@FTP:~# apt -y install vsftpd
```

（2）启用 vsftpd 服务，设置为开机自动启动，代码如下：

```
root@FTP:~# systemctl start vsftpd.service
root@FTP:~# systemctl enable vsftpd.service
root@FTP:~# systemctl status vsftpd.service
● vsftpd.service - vsftpd FTP server
  Loaded: loaded (/lib/systemd/system/vsftpd.service; enabled; vendor preset: enabled)
  Active: active (running) since Wed 2021-08-11 10:38:56 CST; 9min ago
Main PID: 544 (vsftpd)
【... 省略显示部分内容 ...】
```

### 3. 修改 FTP 服务主配置文件的参数

（1）在修改 vsftpd 服务主配置文件之前，先对主配置文件进行备份，代码如下：

```
root@FTP:~#cp /etc/vsftpd.conf /etc/vsftpd.conf.bak
```

（2）修改 vsftpd 服务主配置文件，这里需要设置 FTP 服务允许匿名登录、允许匿名用户上传下载和创建文件夹，但是不允许删除共享的内容，代码如下：

```
root@FTP:~# vim /etc/vsftpd.conf
listen=YES
#listen_ipv6=YES                        ## 注释此行表示禁止监听 IPv6
anonymous_enable=YES                     ## 设置允许匿名用户登录
#local_enable=YES                        ## 注释此行表示禁止本地系统用户登录
#local_umask=022                         ## 注释此行表示取消对本地用户设置新增文件的权限掩码
write_enable=YES                         ## 设置匿名用户具备写入权限
anon_upload_enable=YES                    ## 设置匿名用户具备上传权限
anon_umask=022                           ## 设置匿名用户新增文件的权限掩码
anon_mkdir_write_enable=YES               ## 允许匿名用户创建文件夹
anon_other_write_enable=NO                ## 禁止匿名用户修改或删除文件
```

### 4. 重启 FTP 服务

通过【systemctl】命令重新启动 FTP 服务，代码如下：

```
root@FTP:~# systemctl restart vsftpd.service
```

### 任务验证

（1）在 FTP 服务器上使用【ss】命令检查端口启用情况，可以看到 FTP 服务默认监听的 21 端口已启用，代码如下：

```
root@FTP:~# ss -lnt | grep 21
LISTEN    0    32           *:21        *:*
```

（2）配置 PC1 主机的 IP 地址为 192.168.1.2/24，代码如下：

```
root@PC1:~# nmcli connection modify ens37 ipv4.addresses 192.168.1.2/24
root@PC1:~# nmcli connection up ens37
```

（3）在 PC1 主机上，使用【apt】命令安装 FTP 服务，代码如下：

```
root@PC1:~# apt -y install ftp
```

（4）在 PC1 主机上，通过 ftp 相关命令访问 FTP 站点，使用匿名账户 anonymous 或 ftp 登录（密码为空）。登录成功后，可以成功使用【mkdir】命令创建文件夹，而删除文件夹则会操作失败，代码如下：

```
root@PC1:~# ftp 192.168.1.1
Connected to 192.168.1.1.
220 (vsFTPd 3.0.3)
Name (192.168.1.1:root): anonymous
331 Please specify the password.
Password:
230 Login successful.
Remote system type is UNIX.
Using binary mode to transfer files.
ftp> cd 文档中心
250 Directory successfully changed.
ftp> mkdir test
257 "/ 文档中心 /test" created
ftp> rm test
550 Permission denied.
```

（5）使用匿名用户登录成功后，切换到产品技术文档目录，尝试将 a.txt 下载到本地并重命名为 file.txt，代码如下：

```
ftp> cd 产品技术文档
250 Directory successfully changed.
ftp> get a.txt file.txt
local: file.txt remote: a.txt
200 PORT command successful. Consider using PASV.
150 Opening BINARY mode data connection for a.txt (0 bytes).
226 Transfer complete.
ftp> quit
221 Goodbye.
root@PC1:~# ll file.txt
-rw-r--r-- 1 root root 0 8 月  11 13:17 file.txt
```

## 任务 9-2　部署部门专属 FTP 站点

任务规划

通过任务 9-1，公司创建了公共的 FTP 站点，为员工下载公司共享文件提供了便利，提高了工作效率。各部门也相继提出了建立部门级数据共享空间的需求，具体要求如下。

（1）在 /srv/ftp 目录下为各部门建立【部门文档中心】目录，并在该目录下创建

【项目部】【行政部】【工会】部门专属目录。

（2）为各部门创建相应的服务账户。

（3）创建FTP部门站点，站点根目录为【部门文档中心】，站点权限如下：

①不允许用户切换到其他目录。

②各部门用户服务账户仅允许访问对应部门的专属目录，对专属目录有上传和下载权限。

（4）FTP的访问地址为FTP://192.168.1.1:2100。

本任务在部署部门的专属FTP站点时，可以先创建一个具有上传和下载权限的站点，然后在发布的目录和子目录中配置权限，给服务账户制定相应的权限。在服务账户的设计中，可以根据组织架构的特征，完成服务账户的创建。因此，应根据FTP服务相关的公司组织架构来规划设计相应的服务账户与FTP站点架构，结果如图9-5所示。

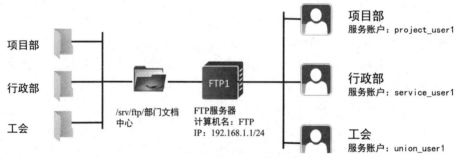

图9-5　部门FTP站点架构

综上所述，本任务可以通过以下步骤来实现。

（1）创建各部门FTP站点的专属服务账户。

（2）配置FTP站点参数，根据公司需求创建部门专属FTP站点。

（3）重新启动FTP服务，生效配置。

任务实施

1.创建各部门FTP站点的专属服务账户

（1）创建FTP站点物理目录。

在FTP服务器上创建project_user1、service_user1、union_user1三个用户，并且设置家目录/srv/ftp下的3个共享目录【项目部】【行政部】【工会】的登录密码为Jan16@123，代码如下：

```
root@FTP:~# mkdir /srv/ftp/ 部门文档中心
root@FTP:~# useradd -d /srv/ftp/ 部门文档中心 / 项目部 -m project_user1
root@FTP:~# useradd -d /srv/ftp/ 部门文档中心 / 行政部 -m service_user1
root@FTP:~# useradd -d /srv/ftp/ 部门文档中心 / 工会 -m union_user1
root@FTP:~# passwd project_user1
新的密码 :Jan16@123
重新输入新的密码 :Jan16@123
passwd: 已成功更新密码
root@FTP:~# passwd service_user1
root@FTP:~# passwd union_user1
```

（2）在 FTP 服务器上每个用户的家目录下，创建 3 个测试用的 txt 文件，代码如下：

```
root@FTP:~# touch /srv/ftp/ 部门文档中心 / 项目部 /project.txt
root@FTP:~# touch /srv/ftp/ 部门文档中心 / 行政部 /service.txt
root@FTP:~# touch /srv/ftp/ 部门文档中心 / 工会 /union.txt
```

2. 配置 FTP 站点参数，根据公司需求创建部门专属 FTP 站点

（1）创建一个名为 /etc/vsftpd2100.conf 的配置文件，在配置文件中设置 FTP 禁用匿名登录、允许本地用户登录但不允许用户切换目录，设置本地用户对文件夹有上传和下载的权限，设置监听的端口为 2100，代码如下：

```
root@FTP:~# vim /etc/vsftpd2100.conf
listen=YES
anonymous_enable=NO
local_enable=YES
write_enable=YES
local_umask=022
chroot_local_user=YES
allow_writeable_chroot=YES
listen_port=2100
```

（2）修改 vsftpd.chroot_list 文件，将有禁止切换目录限制的用户添加到此文件中，代码如下：

```
[root@FTP ~]# vim /etc/vsftpd.chroot_list
project_user1
service_user1
union_user1
```

3. 重新启动 FTP 服务，生效配置

在配置完成后，通过【/usr/sbin/vsftpd】命令启动 FTP 服务，在 vsftpd 服务中，允许以修改配置文件名称的方式建立多个 FTP 站点服务，启动时需要在 vsftpd 服务名称后加上【新配置文件名称】，配置命令如下。

```
root@FTP:~# /usr/sbin/vsftpd /etc/vsftpd2100.conf &
```

*任务验证*

（1）在FTP服务器上通过【ss】命令检查端口启动情况，服务成功启动就能查看到2100端口已经成功启动，代码如下：

```
root@FTP:~# ss -tlnp | grep 2100
LISTEN    0   32   0.0.0.0:2100    0.0.0.0:*   users:(("vsftpd",pid=7455,fd=3))
```

（2）在PC1主机上使用项目部专属用户project_user1访问FTP站点，通过【pwd】命令可以看到用户登录后将处于家目录下，通过【mkdir】命令可以创建新目录，创建成功后即删除，把project.txt文件下载到本地，最后切换目录失败，代码如下：

```
root@PC1:~# ftp 192.168.1.1 2100
Connected to 192.168.1.1.
220 (vsFTPd 3.0.3)
Name (192.168.1.1:root): project_user1
331 Please specify the password.
Password:
230 Login successful.
Remote system type is UNIX.
Using binary mode to transfer files.
ftp> pwd
257 "/srv/ftp/ 部门文档中心 / 项目部 " is the current directory
ftp> ls
200 PORT command successful. Consider using PASV.
150 Here comes the directory listing.
-rw-r--r--      10      0         0 8 11 05:47 project.txt
226 Directory send OK.
ftp> get project.txt
local: project.txt remote: project.txt
200 PORT command successful. Consider using PASV.
150 Opening BINARY mode data connection for project.txt (0 bytes).
226 Transfer complete.
ftp> mkdir test
257 "/srv/ftp/ 部门文档中心 / 项目部 /test" created
ftp> cd /root/
550 Failed to change directory.
ftp> exit
221 Goodbye.
```

# 任务 9-3　配置 FTP 服务器权限

*任务规划*

对于【工会】目录的权限问题，可以通过虚拟用户进行划分。运维工程师进行了如表9-6所示的规划。

表9-6  FTP虚拟用户及权限规划表

| 所属系统用户 | 虚拟用户名 | 用户 | 站点目录 | 权限 |
|---|---|---|---|---|
| union_user1 | xiaozhao | 小赵 | /srv/ftp/部门文档中心/工会 | 可读取、可写入、可上传 |
| | xiaochen | 小陈 | | 只读、下载、不能上传 |
| | xiaocai | 小蔡 | | 只读、下载、不能上传 |

本任务实现的步骤如下。

（1）创建FTP虚拟用户。

（2）配置FTP配置文件参数，根据公司需求创建FTP站点。

（3）配置FTP虚拟用户权限。

（4）重启FTP服务，使配置生效。

**任务实施**

1.创建FTP虚拟用户

（1）创建存放虚拟用户的文件添加虚拟用户时，单行写用户名，双行写密码，代码如下：

```
root@FTP:~# vim /root/ftp_vuser
xiaozhao
12345
xiaochen
12345
xiaocai
12345
```

（2）使用【db5.3_load】命令在ftp_vuser文件中生成虚拟用户数据库文件vsftpd-login.db。

```
root@FTP:~# apt install db5.3-util
root@FTP:~# db5.3_load -T -t hash -f /root/ftp_vuser /etc/vsftpd_login.db
```

在上述命令中，指定了选项【-T -t hash】表示指定生成hash数据格式文件数据库。【-f】选项后面接包含用户名和密码的文本文件，奇数行为用户名，偶数行为密码。

（3）添加虚拟用户的映射账户，创建映射用户的宿主目录。创建FTP根目录，代码如下：

```
root@FTP:~# useradd -s /sbin/nologin union_user1 -m -d /srv/ftp/ 部门文档中心 / 工会
```

（4）为虚拟用户建立PAM认证文件，此文件用于对虚拟用户认证的控制，代码如下：

```
root@FTP:~# mv /etc/pam.d/vsftpd  /etc/pam.d/vsftpd.bak
root@FTP:~# vim /etc/pam.d/vsftpd
```

```
auth required pam_userdb.so db=/etc/vsftpd_login
account required pam_userdb.so db=/etc/vsftpd_login
```

以上内容，通过【db=/etc/vsftpd_login】参数指定了要使用的虚拟用户数据库文件位置（此处不需要写.db扩展名）。

**2.配置FTP配置文件参数**

创建vsftpd服务的主配置文件，代码如下：

```
root@FTP:~# vim /etc/vsftpd2120.conf
listen=YES
anonymous_enable=NO
local_enable=YES
pam_service_name=vsftpd              ## 设置用于用户认证的 PAM 文件位置
guest_enable=YES                     ## 设置启用虚拟用户
guest_username=union_user1           ## 设置虚拟用户映射的系统用户名称
user_config_dir=/etc/vusers_dir      ## 指定虚拟用户独立的配置文件目录
allow_writeable_chroot=YES           ## 允许可写用户登录
listen_port=2120
```

**3.配置FTP虚拟用户权限**

（1）创建虚拟用户配置文件目录，代码如下：

```
root@FTP:~# mkdir /etc/vusers_dir
```

（2）创建并设置【xiaozhao】用户的权限配置文件，代码如下：

```
root@FTP:~# vim /etc/vusers_dir/xiaozhao
virtual_use_local_privs=NO
write_enable=YES                     ## 设置虚拟用户可写入
anon_world_readable_only=NO
anon_upload_enable=YES               ## 设置虚拟用户可上传文件
anon_mkdir_write_enable=YES          ## 设置虚拟用户可创建文件目录
anon_other_write_enable=YES          ## 设置虚拟用户可重命名、删除文件
```

（3）创建并设置【xiaochen】用户的权限配置文件，代码如下：

```
root@FTP:~# vim /etc/vusers_dir/xiaochen
virtual_use_local_privs=NO
write_enable=NO
anon_world_readable_only=NO
anon_upload_enable=NO                ## 设置虚拟用户不可上传文件
anon_mkdir_write_enable=NO           ## 设置虚拟用户不可创建文件目录
anon_other_write_enable=NO           ## 设置虚拟用户不可重命名、删除文件
```

（4）创建并设置【xiaocai】用户的权限配置文件，代码如下：

```
root@FTP:~# vim /etc/vusers_dir/xiaocai
virtual_use_local_privs=NO
write_enable=NO
anon_world_readable_only=NO
```

| anon_upload_enable=NO | ## 设置虚拟用户不可上传文件 |
| anon_mkdir_write_enable=NO | ## 设置虚拟用户不可创建文件目录 |
| anon_other_write_enable=NO | ## 设置虚拟用户不可重命名、删除文件 |

### 4. 重启 FTP 服务

重启 vsftpd 服务，代码如下：

```
root@FTP:~# /usr/sbin/vsftpd /etc/vsftpd2120.conf &
```

任务验证

在 PC1 上使用【xiaozhao】用户访问 FTP 站点，可以上传文件和创建文件目录。使用【xiaochen】或【xiaocai】用户则只能读取和下载文件，部分代码如下：

```
root@PC1:~# ftp 192.168.1.1 2120
Connected to 192.168.1.1.
220 (vsFTPd 3.0.3)
Name (192.168.1.1:root): xiaozhao
331 Please specify the password.
Password:12345
230 Login successful.
Remote system type is UNIX.
Using binary mode to transfer files.
ftp> mkdir test
257 " /test" created
ftp> put anaconda-ks.cfg aaa.cfg
local: anaconda-ks.cfg remote: aaa.cfg
200 PORT command successful. Consider using PASV.
150 Ok to send data.
226 Transfer complete.
ftp> exit
221 Goodbye.
root@PC1:~# ftp 192.168.1.1 2120
Name (192.168.1.1:root): xiaochen
331 Please specify the password.
Password:12345
230 Login successful.
Remote system type is UNIX.
Using binary mode to transfer files.
ftp> ls
200 PORT command successful. Consider using PASV.
150 Here comes the directory listing.
-rw-r--r--    1 1002     1002            0 Oct 29 10:09 aaa.cfg
drwxr-xr-x    2 1002     1002            6 Oct 29 10:09 test
226 Directory send OK.
ftp> put anaconda-ks.cfg aaa2.cfg
local: anaconda-ks.cfg remote: aaa2.cfg
200 PORT command successful. Consider using PASV.
550 Permission denied.
ftp> mkdir test
```

```
550 Permission denied.
ftp> get aaa.cfg
local: aaa.cfg remote: aaa.cfg
200 PORT command successful.
Consider using PASV.
150 Opening BINARY mode data connection for aaa.cfg (0 bytes).
226 Transfer complete.
2366 bytes received in 0.000786 secs (3010.18 Kbytes/sec)
```

# 练习与实训

## 一、理论习题

1. FTP 服务的主要功能是（　　）。

    A. 传送网上所有类型的文件　　　　　　B. 远程登录

    C. 收发电子邮件　　　　　　　　　　　D. 浏览网页

2. FTP 的含义是（　　）。

    A. 高级程序设计语言　　　　　　　　　B. 域名

    C. 文件传输协议　　　　　　　　　　　D. 网址

3. Internet 在支持 FTP 方面，下列说法正确的是（　　）。

    A. 能进入非匿名式的 FTP，无法上传　　B. 能进入非匿名式的 FTP，可以上传

    C. 只能进入匿名式的 FTP，无法上传　　D. 只能进入匿名式的 FTP，可以上传

4. 将文件从 FTP 服务器传输到客户端的过程称为（　　）。

    A. upload　　　　　　　　　　　　　　B. download

    C. upgrade　　　　　　　　　　　　　D. update

5. 以下哪个是 FTP 服务使用的端口号？（　　）

    A. 21　　　　　　B. 23　　　　　　C. 25　　　　　　D. 22

6. 在 vsftpd 服务主配置文件中，出现了 anonymous_enable=YES 字段，该字段的含义是（　　）。

    A. 允许匿名用户访问　　　　　　　　　B. 允许本地用户登录

    C. 允许匿名用户上传文件　　　　　　　D. 允许默认用户创建文件夹

## 二、项目实训题

### 1.项目背景与需求

某大学计算机学院为了方便集中管理文件，学院负责人安排网络管理员安装并配置一台FTP服务器，主要用于教学文件归档、常用软件共享、学生作业管理等，计算机学院的网络拓扑如图9-6所示。

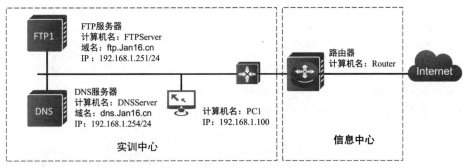

**图9-6 计算机学院的网络拓扑**

（1）FTP服务器配置和管理的要求如下。

①站点根目录为/var/ftp。

②在/var/ftp目录下建立【教师资料区】【教务员资料区】【辅导员资料区】【学院领导资料区】【资料共享中心】文件夹，供实训中心各部门使用。

③为各部门人员创建对应的FTP账户和密码，FTP账户对应的文件夹权限如表9-7所示。

**表9-7 FTP账户对应的文件夹权限**

| 用户 | 教师A教学资料区 | 学生作业区 | 教务员资料区 | 辅导员资料区 | 学院领导资料区 | 资料共享中心 |
|---|---|---|---|---|---|---|
| Teacher_A（教师） | 完全控制 | 完全控制 | 无权限 | 无权限 | 无权限 | 读取 |
| Student_A（学生） | 无权限 | 写入 | 无权限 | 无权限 | 无权限 | 无权限 |
| Secretary（教务员） | 读取 | 读取 | 完全控制 | 无权限 | 无权限 | 读取 |
| Assistant（辅导员） | 无权限 | 无权限 | 无权限 | 完全控制 | 无权限 | 读取 |

续表

| 用户 | 教师A教学资料区 | 学生作业区 | 教务员资料区 | 辅导员资料区 | 学院领导资料区 | 资料共享中心 |
|------|------|------|------|------|------|------|
| Soft_center（机房管理员） | 无权限 | 无权限 | 无权限 | 无权限 | 无权限 | 完全控制 |
| Download（资料共享中心下载账户） | 无权限 | 无权限 | 无权限 | 无权限 | 无权限 | 读取 |
| President（院长） | 完全控制 | 完全控制 | 完全控制 | 完全控制 | 完全控制 | 完全控制 |

（2）各部门目录和账户的对应关系如图9-7所示。

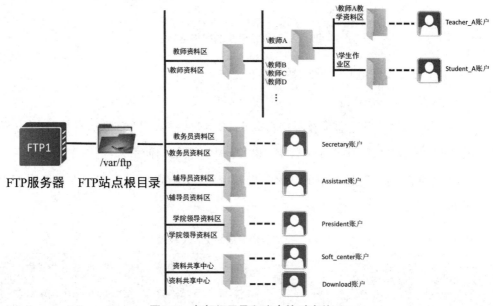

图9-7　各部门目录和账户的对应关系

（3）各部门所创建的目录和账户的相关说明如下。

①教师资料区：计算机学院所有教师的教学资料和学生作业存放在【教师资料区】目录中，为所有教师在【教师资料区】文件夹下创建对应教师姓名的目录。例如，A教师的目录名称为【教师A】，在【教师A】文件夹下再创建两个子目录，一个子目录名称为【教师A教学资料区】，用于存放该教师的教学文件；另一个子目录名称为【学生作业区】，用于存放学生的作业。为每位教师分配Teacher_A和Student_A两个账户，密码分别为123和456。Teacher_A账户对【教师A】文件夹下的所有文件

具有完全控制权限，而 Student_A 账户可以在该教师的【学生作业区】文件夹中上传作业，即拥有写入的权限，除此之外没有其他任何权限。教师 B、教师 C 等其他教师的 FTP 账户和文件的管理，与教师 A 的方法一样。

②教务员资料区：用于保存学院的常规教学文件、规章制度、通知等资料。为教务员创建一个 FTP 账户 Secretary，密码为 789。

③辅导员资料区：用于保存学院的学生工作的常规文件、规章制度、通知等资料。为教务员创建一个 FTP 账户 Assistant，密码为 159。

④学院领导资料区：用于保存学院领导的相关文件等资料。为学院领导创建一个 FTP 账户 President，密码为 123456。

⑤资料共享中心：主要用于保存常用的软件、公共资料，以供全院师生下载。为学院机房管理员创建一个资料共享中心的 FTP 账户 Soft_center，密码为 123456，该账户对资料共享中心拥有完全控制权限；为学院创建一个资料共享中心的公用 FTP 账户 Download，密码为 Download，该账户用于全院师生下载共享资料。

2. 项目实施要求

（1）在客户端 PC1 的终端输入【ftp 192.168.1.251】，使用 Teacher_A 账户和密码登录 FTP 服务器，测试相关权限，并将操作过程截图。

（2）在客户端 PC1 的终端输入【ftp 192.168.1.251】，使用 Student_A 账户和密码登录 FTP 服务器，测试相关权限，并将操作过程截图。

（3）在客户端 PC1 的终端输入【ftp 192.168.1.251】，使用 Secretary 账户和密码登录 FTP 服务器，测试相关权限，并将操作过程截图。

（4）在客户端 PC1 的终端输入【ftp 192.168.1.251】，使用 Assistant 账户和密码登录 FTP 服务器，测试相关权限，并将操作过程截图。

（5）在客户端 PC1 的终端输入【ftp 192.168.1.251】，使用 President 账户和密码登录 FTP 服务器，测试相关权限，并将操作过程截图。

（6）在客户端 PC1 的终端输入【ftp 192.168.1.251】，使用 Soft_center 账户和密码登录 FTP 服务器，测试相关权限，并将操作过程截图。

（7）在客户端 PC1 的终端输入【ftp 192.168.1.251】，使用 Download 账户和密码登录 FTP 服务器，测试相关权限，并将操作过程截图。

# 项目 10

## 部署企业的 Squid 代理服务

扫一扫，
看微课

## 学习目标

（1）了解 Squid 的基本概念。

（2）掌握 Squid 缓存代理服务器的安装配置。

（3）掌握企业 Squid 应用部署业务的实施流程。

## 项目描述

在前面的项目中，Jan16公司使用防火墙NAT技术解决了公司内部主机上网问题。经过一段时间的监控，运维工程师发现，以防火墙NAT的方式上网仍然存在一定的安全问题。公司内部主机上网时仍有可能暴露或受到黑客攻击。并且，运维工程师发现，公司内部主机访问Web服务器时十分缓慢。公司希望运维工程师能尽快解决这些问题。公司网络拓扑如图10-1所示。

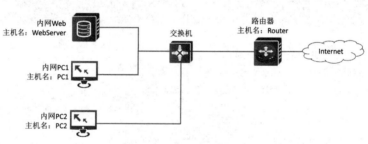

图10-1　公司网络拓扑

公司各设备配置信息如表10-1所示。

表10-1　公司各设备配置信息

| 设备名 | 主机名 | 操作系统 | IP地址 | 接口 |
|---|---|---|---|---|
| 内网Web | WebServer | 统信UOS | 192.168.1.20/24 | ens34 |
| 内网PC1 | PC1 | 统信UOS | 192.168.1.10/24 | ens34 |
| 内网PC2 | PC2 | 统信UOS | 192.168.2.10/24 | ens34 |
| 路由器 | Router | 统信UOS | 192.168.1.1/24 | ens34 |
| | | | DHCP | ens33 |

# 项目分析

在本项目中,需要解决公司主机安全上网及内部主机加速访问 Web 服务器的问题。这两个问题均可以通过部署 Squid 代理服务来解决。Squid 代理服务是一项 Web 的缓存代理服务,支持 HTTP、HTTPS、FTP 等,它可以通过缓存和重用经常请求的网页,减少带宽消耗并缩短请求响应时间。另外,Squid 具有访问控制的功能,能为公司内部主机提供有效的安全访问控制,整体提升内网安全性。

综上所述,本项目可分解为以下工作任务。

(1)部署企业的正向代理服务器,实现内部 PC 通过代理上网。

(2)应用代理访问控制功能,提高内网安全性。

(3)部署企业的反向代理服务器,实现内部 PC 加速访问 Web 服务器。

# 相关知识

## 10.1 Squid 的概念

Squid 是一个缓存 Internet 数据的软件,接收用户的下载申请,并自动处理所下载的数据。当一个用户想要下载一个主页时,可以向 Squid 发出申请,让 Squid 代替其进行下载,然后 Squid 连接所申请网站并请求该主页,接着把该主页传给用户并保留一个备份,当其他用户申请同一页面时,Squid 立即把保存的备份传输给用户,这就大大提高了网络的访问效率。Squid 可以代理 HTTP、FTP、Gopher、SSL 和 WAIS 等协议,可以自动进行数据处理,根据需要设置 Squid,实现按需过滤的功能。

按照代理类型的不同,可以将 Squid 代理服务分为正向代理和反向代理。在正向代理中,根据实现方式不同,又可以分为普通代理和透明代理。

## 10.2 Squid 代理服务的工作过程

当 Squid 代理服务器中有客户端需要的数据时,主要工作流程如下:

(1)客户端向 Squid 代理服务器发送数据请求。

(2)Squid 代理服务器检查自己的数据缓存。

（3）Squid代理服务器在缓存中找到了用户想要的数据，并取出数据。

（4）Squid代理服务器将从缓存中取得的数据返回给客户端。

当Squid代理服务器中没有客户端需要的数据时，主要工作流程如下：

（1）客户端向Squid代理服务器发送数据请求。

（2）Squid代理服务器检查自己的数据缓存。

（3）Squid代理服务器在缓存中没有找到用户想要的数据。

（4）Squid代理服务器向Internet上的远端服务器发送数据请求。

（5）远端服务器响应，返回相应的数据。

（6）Squid代理服务器取得远端服务器的数据，返回给客户端，并保留一份到自己的数据缓存中。

Squid代理服务工作流程如图10-2所示。

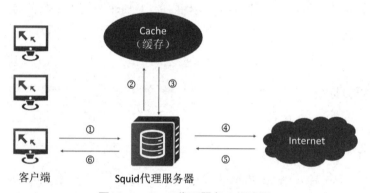

图10-2　Squid代理服务工作流程

## 10.3 正向代理

正向代理是一个位于客户端和目标服务器之间的服务器（Squid代理服务器）。客户端必须先进行一些必要设置（必须知道Squid代理服务器的IP地址和端口），将每次请求先发送到Squid代理服务器上，Squid代理服务器将其转发到目标服务器上并取得响应结果，再返回给客户端。

简单来说，就是Squid代理服务器代替客户端去访问目标服务器（隐藏客户端）。

正向代理的主要作用如下。

（1）绕过无法访问的节点，从另一条路由路径进行目标服务器的访问。

（2）加速访问。通过不同的路由路径提高访问速度（现在通过提高带宽等方式来提速）。

（3）缓存作用。数据缓存在 Squid 代理服务器中，若客户端请求的数据在缓存中则不去访问目标服务器。

（4）权限控制。防火墙授权 Squid 代理服务器访问权限，客户端通过正向代理可以通过防火墙（如一些公司采用的 ISA Server 权限判断）。

（5）隐藏访问者。通过配置，目标服务器只能获得 Squid 代理服务器的信息，无法获取真实访客的信息。

## 10.4 反向代理

反向代理对于客户端而言就像是原始服务器，并且客户端不需要进行任何特别的设置。客户端向反向代理发送普通请求，接着反向代理将判断是否向目标服务器转交请求，并将获得的内容返回给客户端，就像这些内容原本就是它自己的一样。

简单来说，就是 Squid 代理服务器代替目标服务器去接受客户端的请求并将结果返回给客户端即隐藏目标服务器。

反向代理的主要作用如下。

（1）隐藏目标服务器。防止目标服务器被恶意攻击等，让客户端认为 Squid 代理服务器是目标服务器。

（2）缓存作用。对目标服务器数据进行缓存，减少目标服务器的访问压力。

## 10.5 透明代理

透明代理服务器和标准代理服务器的功能完全相同。但是，代理操作对客户端的浏览器是透明的（不需要指明 Squid 代理服务器的 IP 地址和端口），一般搭建在网络出口位置。透明代理服务器阻断网络通信，并且过滤访问外部的 HTTP（80 端口）流量。若客户端的请求在本地有缓冲则将缓冲的数据直接发给用户，若在本地没有缓冲则向远程 Web 服务器发出请求，其余操作和标准的代理服务器完全相同。对于 Linux来说，透明代理使用 Iptables 或 Ipchains 实现。因为不需要对浏览器做任何设置，所以，透明代理对于 ISP（Internet 服务器提供商）特别重要。

## 10.6 Squid ACL

Squid 提供了强大的代理控制机制，通过合理设置 ACL（Access Control Lists，访问控制列表）并进行限制，可以针对源地址、目标地址、访问的 URL 路径、访问的时间等条件进行过滤。

1. ACL访问控制流程

（1）使用【acl】配置项定义需要控制的条件。

（2）通过【http_access】配置项对已定义的列表做"允许"或"拒绝"访问的控制。

（3）Squid使用【allow-deny-allow-deny】顺序套用规则，在进行规则匹配时，若所有的访问列表均没有进行相关规则的定义，而最后一条规则为【deny】，则Squid默认的下一条处理规则为【allow】，即采用与最后一条规则相反的权限，最后反而让被限制的网络或用户可以对服务或网络进行访问，所以在进行ACL限制时，为避免出现找不到相匹配规则的情况，一般会设置最后一条规则为【http_access deny all】，并且设置源地址为 0.0.0.0。

2. ACL用法概述

（1）定义ACL访问控制列表，代码格式如下：

```
acl 列表名称 列表类型 列表内容…
```

（2）常见的ACL访问控制列表参数及含义如表10-2所示。

表10-2　常见的ACL访问控制列表参数及含义

| 参数 | 含义 |
| --- | --- |
| src | 源地址 |
| dst | 目的地址 |
| port | 服务端口 |
| dstdomain | 目标名称 |
| time | 一天中的时刻和一周内的一天 |
| maxconn | 最大并发连接数 |
| url_regex | 目标URL地址 |
| urlpath_regex | 整个目标RRL路径（具体到某一页面） |

3.ACL控制访问

（1）定义好各类访问控制列表后，需要使用【http_access】配置项进行控制，代码格式如下：

```
http_access allow/deny 列表名……
```

（2）在每条http_access规则中，可以同时包含多个访问控制列表名，各列表之间用空格进行分隔，相当于"and"的关系，表示必须满足所有访问控制列表对应的条件时才会进行限制。

## 10.7　正向代理和反向代理的区别

虽然正向代理服务器和反向代理服务器所处的位置都是客户端和目标服务器之间，所做的事情也都是把客户端的请求转发给服务器，再把服务器的响应转发给客户端，但是正向代理和反向代理还是有一定的差异的，具体差异如下。

（1）正向代理其实是客户端的代理，帮助客户端访问其无法访问的服务器的资源；反向代理则是服务器的代理，帮助服务器做负载均衡、安全防护等。

（2）正向代理一般是客户端设置的，如在自己的机器上安装一个代理软件；而反向代理一般是服务器设置的，如在自己的机器集群中部署一个反向代理服务器。

（3）在正向代理中，服务器不知道真正的客户端到底是谁，以为自己访问的就是真实的客户端；而在反向代理中，客户端不知道真正的服务器是谁，以为自己访问的就是目标服务器。

（4）正向代理和反向代理的作用和目的不同。正向代理主要用来解决访问限制问题；而反向代理则负责提供负载均衡、安全防护等功能。二者均能提高网络访问速度。

## 10.8　Squid 代理服务常用配置文件及解析

Squid 代理服务的所有设定都包含在主配置文件 /etc/squid/squid.conf 内，通过主配置文件的参数的设置可实现代理服务器的绝大部分功能，如 ACL、正向代理、反向代理、透明代理等。

/etc/squid/squid.conf 配置文件部分输出代码如下：

```
#
# Recommended minimum configuration:
#

# Example rule allowing access from your local networks.
# Adapt to list your (internal) IP networks from where browsing
# should be allowed
acl localnet src 0.0.0.1-0.255.255.255  # RFC 1122 "this" network (LAN)
acl localnet src 10.0.0.0/8             # RFC 1918 local private network (LAN)
acl localnet src 100.64.0.0/10          # RFC 6598 shared address space (CGN)
acl localnet src 169.254.0.0/16         # RFC 3927 link-local (directly plugged) machines
acl localnet src 172.16.0.0/12          # RFC 1918 local private network (LAN)
acl localnet src 192.168.0.0/16         # RFC 1918 local private network (LAN)
acl localnet src fc00::/7               # RFC 4193 local private network range
acl localnet src fe80::/10              # RFC 4291 link-local (directly plugged) machines

acl SSL_ports port 443
```

```
acl Safe_ports port 80        # http
acl Safe_ports port 21        # ftp
acl Safe_ports port 443       # https
【 ... 省略显示部分内容 ... 】
http_access allow localnet
http_access allow localhost

# And finally deny all other access to this proxy
http_access deny all

# Squid normally listens to port 3128
http_port 3128

# Uncomment and adjust the following to add a disk cache directory.
#cache_dir ufs /var/spool/squid 100 16 256

# Leave coredumps in the first cache dir
coredump_dir /var/spool/squid

#
# Add any of your own refresh_pattern entries above these.
#
refresh_pattern ^ftp:              1440    20%    10080
refresh_pattern ^gopher:           1440    0%     1440
refresh_pattern -i (/cgi-bin/|\?) 0    0%     0
refresh_pattern .                  0       20%    4320
```

配置文件的常用参数及解析如表10-3所示。

表10-3　配置文件的常用参数及其解析

| 常用参数 | 解析 |
| --- | --- |
| acl all src 0.0.0.0/0.0.0.0 | 允许所有IP地址访问 |
| acl manager proto http | manager url协议为HTTP |
| acl localhost src 127.0.0.1/255.255.255.255 | 允许本机IP地址访问代理服务器 |
| acl to_localhost dst 127.0.0.1 | 允许目的地址为本机IP地址 |
| acl Safe_ports port 80 | 允许安全更新的端口为80 |
| acl CONNECT method CONNECT | 请求方法为CONNECT |
| acl OverConnLimit maxconn 16 | 限制每个IP地址最多允许16个连接 |
| icp_access deny all | 禁止从邻居服务器缓冲内发送和接收ICP请求 |
| miss_access allow all | 允许直接更新请求 |
| ident_lookup_access deny all | 禁止lookup检查DNS |

续表

| 常用参数 | 解析 |
|---|---|
| http_port 8080 transparent | 指定Squid监听客户端请求的端口号 |
| fqdncache_size 1024 | FQDN 高速缓存大小 |
| maximum_object_size_in_memory 2 MB | 允许最大的文件载入内存 |
| memory_replacement_policy heap LFUDA | 内存替换策略 |
| max_open_disk_fds 0 | 允许最大打开文件数量，参数为0代表无限制 |
| minimum_object_size 1 KB | 磁盘缓存最小文件大小 |
| maximum_object_size 20 MB | 磁盘缓存最大文件大小 |
| cache_swap_high 95 | 最多允许使用95%的swap空间 |
| access_log /var/log/squid/access.log squid | 定义日志存放记录 |
| cache_store_log none | 禁止store日志 |
| icp_port 0 | 指定Squid从邻居服务器缓冲内发送和接收ICP请求的端口号 |
| coredump_dir/var/log/squid | 定义dump的目录 |
| ignore_unknown_nameservers on | DNS查询，当域名地址不相同时，禁止访问 |
| always_direct allow all | cache丢失或不存在，允许所有请求直接转发到真实服务器 |

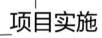

# 项目实施

## 任务 10-1　部署企业的正向代理服务器

**任务规划**

　　Squid正向代理服务能较好地保护和隐藏内网的IP地址，在本任务中需要在Router服务器上实现正向代理服务。Squid正向代理服务配置规划如表10-4所示。

表10-4　Squid正向代理服务配置规划

| 设备名称 | 代理类型 | 监听端口 | 访问限制 |
|---|---|---|---|
| Router | 正向代理 | 3128 | 允许所有 |

　　本任务主要包括以下几个步骤。

（1）部署和配置 Squid 代理服务。

（2）启动 Squid 代理服务。

任务实施

**1. 部署和配置 Squid 代理服务**

（1）在 Router 服务器上使用【apt】命令安装 squid 代理服务，配置代码如下：

```
root@Router:~# apt install -y squid
```

（2）在 Router 服务器上修改 Squid 代理服务的主配置文件。Squid 代理服务的主配置文件名为 /etc/squid/squid.conf。在配置文件中，需要修改所有 http_port 的端口为 3128，配置 http_ access 允许的范围为 all，配置代码如下：

```
root@Router:~# vim /etc/squid/squid.conf
http_port 3128
http_access allow all
# http_access deny all
```

**2. 启动 Squid 代理服务**

在 Squid 服务的主配置文件修改完成后，需要启动 Squid 服务，并设置为开机自动启动。配置命令如下：

```
root@Router:~# systemctl restart squid
root@Router:~# systemctl enable squid
```

任务验证

（1）在 Router 服务器上使用【systemctl】命令查看 Squid 代理服务状态，代码如下：

```
root@Router:~# systemctl status squid
  squid.service - Squid Web Proxy Server
    Loaded: loaded (/lib/systemd/system/squid.service; enabled; vendor preset: enabled)
    Active: active (running) since Thu 2021-08-12 10:16:37 CST; 6min ago
      Docs: man:squid(8)
   Process: 1241 ExecStartPre=/usr/sbin/squid --foreground -z (code=exited, status=0/SUCCESS)
   Process: 1831 ExecStart=/usr/sbin/squid -sYC (code=exited, status=0/SUCCESS)
  Main PID: 1832 (squid)
     Tasks: 4 (limit: 2290)
    Memory: 25.8M
    CGroup: /system.slice/squid.service
            ├─1832 /usr/sbin/squid -sYC
            ├─1834 (squid-1) --kid squid-1 -sYC
            ├─1836 (logfile-daemon) /var/log/squid/access.log
            └─1837 (pinger)
```

（2）在内网PC1的设置界面上开启系统代理，并配置代理服务器的地址为192.168.1.1，端口为3128，如图10-3所示。

图10-3　配置代理服务器地址

（3）在内网PC1上配置完成后，使用浏览器访问baidu.com站点应用成功，如图10-4所示。

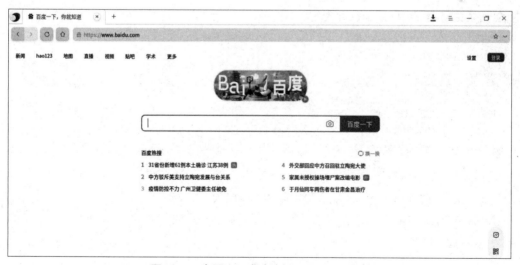

图10-4　内网PC1成功访问baidu.com站点

## 任务 10-2　设置企业 Squid ACL 规则

### 任务规划

为了提高内网安全性，运维工程师规划使用Squid的ACL（Access Controlle Lists，访问控制列表）功能对客户端的网络行为进行限制，Squid的ACL规划表如表10-5所示。

表10-5　Squid的ACL规划表

| 设备名称 | 限制规则 |
| --- | --- |
| Router | 禁止用户访问域名为baidu.com的网站 |
|  | 禁止客户端IP地址在192.168.2.0子网的所有终端客户在星期一到星期五的9:00到18:00访问Internet资源 |

本任务实施步骤如下。

（1）配置Squid代理服务。

（2）重启Squid代理服务。

### 任务实施

1.配置Squid代理服务

在Squid代理服务的主配置文件内，按规划内容写入ACL规则，在文件中每个ACL规则对应一个http_access声明，配置代码如下：

```
root@Router:~# vim /etc/squid/squid.conf
acl badurl url_regex -i baidu.com
acl clientnet src 192.168.2.0/24
acl worktime time MTWHF 9:00-18:00
http_access deny badurl
http_access deny clientnet worktime
## 一条 ACL 规则默认语法为 acl【ACL_Name】[time]【day-abbrevs】【h1:m1-h2:m2】
## 其中 day-abbrevs 可以为 M、T、W、H、F、A、S，代表星期一至星期日
```

2.重启Squid代理服务

在Router服务器上重启Squid代理服务，代码如下：

```
root@Router:~# systemctl restart squid
```

### 任务验证

（1）在内网PC2的设置界面上配置代理服务器的地址为192.168.1.1，端口为3128，如图10-5所示。

**图10-5　配置代理服务器地址**

（2）在内网 PC1 上尝试访问站点 baidu.com，禁止用户访问 baidu.com 的 ACL 策略生效则会提示无法访问此网站，如图10-6 所示。

**图10-6　内网PC1无法访问站点baidu.com**

（3）在内网 PC2 上使用代理服务器上网，在星期一至星期五均无法上网，提示代理服务器拒绝访问则说明针对192.168.2.0子网的ACL策略应用成功，如图10-7所示。

图10-7　内网PC2无法在指定时间内上网

# 任务 10-3　部署企业的反向代理服务器

**任务规划**

Squid反向代理服务可以减轻内网Web服务器的负担，在本任务中需要部署企业的Squid反向代理服务，使客户端可以通过访问Squid代理服务器的IP地址即可浏览内网Web服务器提供的网站。为此，运维工程师规划了如表10-6所示的内容。

表10-6　Squid反向代理服务规划

| 设备名称 | 代理类型 | 监听端口 | 代理后端 | 代理响应方式 |
| --- | --- | --- | --- | --- |
| Router | 反向代理 | 80 | 192.168.1.20/24 | no-query |

在本任务主要包括以下步骤。

（1）配置Squid代理服务，实现反向代理。

（2）重启Squid代理服务，生效反向代理配置。

（3）修改Apache服务配置文件，实现静态网站的发布。

**任务实施**

**1.配置Squid代理服务**

修改Squid代理服务器的配置文件,代码如下:

```
root@Router:~# vim /etc/squid/squid.conf
http_port 80 vhost vport     # 监听的端口
cache_peer 192.168.1.20 parent 80 0 no-query originserver
## 在文件中,关键字的配置注释如下
##cache_peer:用于设置反向代理的后端 IP 地址
##parent:用于配置反向代理监听的端口
##no-query:用于设置反向代理的响应方式为不做查询操作,直接获取后端数据
##originserver:使此服务器作为源服务器进行解析
```

**2.重启Squid代理服务**

(1)检查配置文件是否出错,并重新加载配置,代码如下:

```
root@Router:~# squid -kcheck
root@Router:~# squid -krec
```

(2)重启Squid代理服务,代码如下:

```
root@Router:~# systemctl restart squid
```

**3.配置Apache服务配置文件**

通过【vim】命令在/var/www/html目录下创建名为index.html的文件,并在文件内写入【This is squid test web】。

```
root@Router:~# vim /var/www/html/index.html
This is squid test web
```

**任务验证**

在内网PC1上配置代理服务器后,重启浏览器,然后访问"http://192.168.1.1"页面,应能正常访问内网 Web 服务器的内容,如图10-8所示。

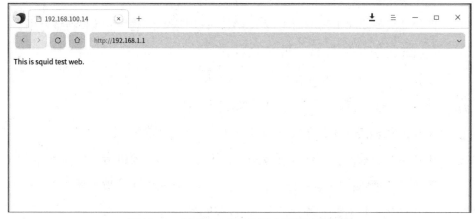

图10-8  内网PC1成功访问内网Web服务器

# 练习与实训

## 一、理论习题

1. Squid 代理支持以下哪项协议？（　　）

  A. Samba    B. NFS    C. HTTPS

2. 系统管理员在某服务器上写入了以下 Squid 服务配置项，下列说法中正确的是（　　）。

  A. http_port 3128

  B. acl aaa src 192.168.11.0/24

  C. acl bbb time MTWHFS 10:00~18:00

  D. http_access deny aaa bbb

3. 下列说法正确的是（　　）。

  A. 客户端应使用的代理服务器的端口为 80

  B. 某客户端的 IP 地址为 192.168.1.1/24，那么此客户端在星期日的 10:30 不可以上网

  C. 某客户端的 IP 地址为 192.168.1.1/24，那么此客户端在星期日的 10:30 可以上网

  D. 在配置文件中，管理员应用了一条名为 deny 的 ACL 规则

4. 当代理服务器检查缓存后发现没有客户端请求的数据时，以下的工作过程排序正确的是（　　）。

  a. 代理服务器向 Internet 上的远端服务器发送数据请求

  b. 代理服务器取得远端服务器的数据，返回给客户端，并保留到缓存中

  c. 远端服务器响应，返回相应的数据

  A. bac    B. acb    C. abc    D. bca

5. 关于 Squid 正向代理与反向代理的说法正确的是（　　）。

  A. 反向代理是一个位于客户端和真实服务器之间的服务器

  B. 对于客户端而言正向代理像是真实服务器，不需要进行任何特别的设置

  C. 正向代理的作用是隐藏真实服务器，防止真实服务器被恶意攻击

  D. 正向代理具有缓存作用和权限控制功能

## 二、项目实训题

### 1.项目背景与需求

Jan16公司网络拓扑如图10-9所示。在公司网络拓扑中划分VLAN11、VLAN12两个网段，网络地址分别为172.20.0.0/24、172.21.0.0/24。公司规划在路由器上部署Squid代理服务实现公司内网PC通过代理服务器上网同时能快速地访问内网Web服务器。

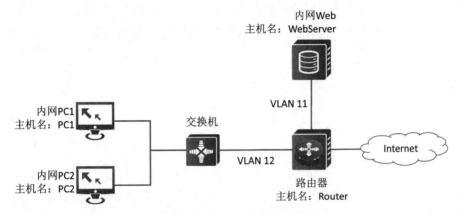

**图10-9　Jan16公司网络拓扑**

### 2.项目要求

（1）根据网络拓扑分析网络需求，然后将相关规划信息填入表10-7中，并按规划配置各计算机，实现全网互联。

**表10-7　IP地址及端口互联规划表**

| 设备名称 | 计算机名称 | IP地址/子网掩码 | 接口 | 网关 |
| --- | --- | --- | --- | --- |
|  |  |  |  |  |
|  |  |  |  |  |
|  |  |  |  |  |

（2）配置路由器设备，以Squid正向代理的方式实现内网PC能通过代理服务器上网。正向代理监听的端口为6555。截取两台内网PC使用代理服务器访问外网中的https://cn.bing.com站点的截图。

（3）配置内网Web服务器，将站点相关规划内容填入表10-8中，然后创建一个Web站点。截取在内网PC1运行【time curl http://localhost】命令的截图。

表10-8　Web站点配置信息

| 配置名称 | 配置信息 |
|---|---|
| 监听端口 | |
| 站点目录 | |
| 站点内容 | |

（4）配置路由器设备，以Squid反向代理的方式实现内网PC加速访问Web站点。设置内网PC2禁止通过代理服务器访问Web站点，分别截取在内网PC1上执行【time curl http://[Web站点IP地址]】命令的截图和在内网PC2上通过浏览器访问Web站点的截图。

# 项目 11

## 部署企业的邮件服务

扫一扫，看微课

## 学习目标

（1）掌握POP3和SMTP服务的概念与应用。

（2）掌握电子邮件系统的工作原理与应用。

（3）掌握Postfix邮件服务产品和Dovecot邮件服务产品的部署与应用。

（4）掌握企业网邮件服务部署业务的实施流程。

## 项目描述

Jan16公司员工早期都使用个人邮箱与客户沟通，若公司员工发生岗位变动，客户再通过原邮件地址同公司联系时，会造成沟通不畅，这将导致客户体验感降低甚至因此流失客户。为此，公司期望部署企业邮件系统，统一邮件服务地址，实现岗位与企业邮件系统的对接，确保人事变动不影响客户与公司的沟通。公司邮件服务网络拓扑如图11-1所示。

公司邮件系统的部署，可以通过以下两种方式实现，具体要求如下。

（1）在服务器上安装第三方邮件服务软件Postfix服务，实现邮件服务的部署。

（2）在服务器上安装第三方邮件服务软件Dovecot服务，实现邮件服务的部署。

部署完成后，公司要求决策部门通过体验两种邮件服务并进行综合对比，最终确定公司邮件服务的选型。

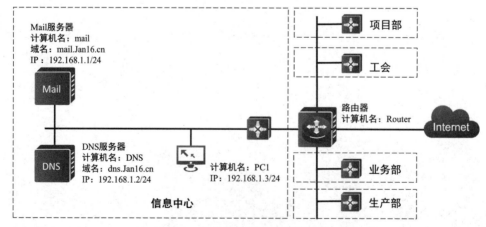

图11-1　公司邮件服务网络拓扑

# 项目分析

电子邮件服务需要在服务器上安装电子邮件服务角色和功能，目前被广泛采用的电子邮件服务产品有WinWebMail、Microsoft Exchange、POP3和SMTP等。

电子邮件需要使用域名进行通信，该服务需要DNS服务的支持。因此，网络管理员可以在UOS服务器上安装POP3和SMTP的角色和功能，并在DNS服务器上注册邮件服务相关域名信息即可搭建一个简单的邮件服务；也可以在UOS服务器上安装第三方邮件服务软件（如Postfix）实现邮件服务的部署，并在DNS服务器上注册邮箱服务相关域名信息来搭建一个第三方邮件服务。

统信UOS自带的邮件服务在功能、便捷性等方面相对专业的电子邮件服务来说稍显不足，因此绝大部分企业均部署了专门的电子邮件服务。

本项目根据该公司邮件服务网络拓扑，通过以下两种方式实现邮件服务部署，工作任务如下。

（1）统信UOS电子邮件服务的安装与配置。在统信UOS服务器上安装Postfix角色和功能实现邮件服务的部署。

（2）使用Postfix结合mailx和Dovecot服务部署邮件服务。

# 相关知识

电子邮件系统是互联网重要的服务之一，几乎所有的互联网用户都有自己的邮件地址，电子邮件服务可以实现用户之间的交流与沟通、身份验证、电子支付等，大部分Internet服务供应商（ISP）均提供了免费的邮件服务功能，电子邮件服务基于POP3和SMTP工作。

## 11.1 POP3、SMTP与IMAP

### 1. POP3

邮局协议版本3（Post Office Protocol-Version 3，POP3）工作在应用层，主要用于支持使用邮件客户端远程管理服务器上的电子邮件。用户调用邮件客户端程序（如

Microsoft Outlook Express）连接到邮件服务器上，它会自动下载所有未阅读的电子邮件，并将邮件从邮件服务器存储到本地计算机上，以方便用户"离线"处理邮件。

### 2. SMTP

简单邮件传输协议（Simple Mail Transfer Protocol，SMTP）工作在应用层，它基于TCP提供可靠的数据传输服务，把邮件消息从发信人的邮件服务器传送到收信人的邮件服务器。

电子邮件系统发邮件时是根据收信人的地址后缀来定位目标邮件服务器的，SMTP服务器是基于DNS中的邮件交换（MX）记录来确定路由的，最后通过邮件传输代理程序将邮件传送到目的地。

### 3. IMAP

交互邮件访问协议（Interactive Mail Access Protocol，IMAP）是应用层协议。使用TCP143端口，加密时使用993端口。它的主要作用是使邮件客户端通过该协议从邮件服务器上获取邮件信息、下载邮件等。IMAP运行在TCP/IP之上，使用的端口是143。用户不用把所有的邮件全部下载下来，可以通过客户端直接对服务器上的邮件进行操作。

### 4. POP3 和 SMTP 的区别与联系

POP3允许电子邮件客户端下载服务器上的邮件，但是在客户端的操作（如移动邮件、标记为已读等）不会反馈到服务器上，如通过客户端收取了邮箱中的3封邮件并移动到其他文件夹，服务器上的这些邮件是不会同时移动的。

SMTP 控制如何传送电子邮件，是一组用于从源地址到目的地址传输邮件的规范，它帮助计算机在发送或中转邮件时找到下一个目的地，然后通过 Internet 将其发送到目的服务器。SMTP 服务器就是遵循 SMTP 的发送邮件服务器。

SMTP用于实现在服务器之间发送和接收电子邮件，而POP3用于实现电子邮件从邮件服务器存储到用户的计算机上。

### 5. POP3 和 IMAP 的区别与联系

IMAP 和 POP3 是邮件访问最为普遍的 Internet 标准协议。现代的邮件客户端和服务器都对两者给予支持。与POP3类似，IMAP也是提供面向用户的邮件收取服务。常用的版本是IMAP4。

IMAP4改进了POP3的不足，用户可以通过浏览信件头来决定是否收取、删除和检索邮件的特定部分，还可以在服务器上创建或更改文件夹或邮箱。它除支持POP3的脱机操作模式外，还支持联机操作和中断连接操作。它为用户提供了有选择的从邮件服务器接收邮件的功能、基于服务器的信息处理功能和共享信箱功能。IMAP4的脱机模式不同于POP3，它不会自动删除在邮件服务器上已取出的邮件，其联机模式和中断连接模式也是将邮件服务器作为"远程文件服务器"进行访问的，更加灵活方便。IMAP4支持多个邮箱。

　　IMAP4的这些特性非常适合在不同的计算机或终端之间操作邮件的用户（如可以在手机、PAD、PC上的邮件代理程序上操作同一个邮箱），以及那些同时使用多个邮箱的用户。

## 11.2 电子邮件系统及其工作原理

1.电子邮件系统概述

　　电子邮件系统由以下3个组件组成：POP3电子邮件客户端、简单邮件传输协议（SMTP）服务及POP3服务。电子邮件系统组件描述如表11-1所示。

表11-1　电子邮件系统组件描述

| 组件 | 描述 |
| --- | --- |
| POP3 电子邮件客户端 | POP3电子邮件客户端是用于读取、撰写及管理电子邮件的软件。<br>POP3电子邮件客户端从邮件服务器检索电子邮件，并将其传送到用户的本地计算机上，然后由用户进行管理。例如，Microsoft Outlook Express 就是一种支持 POP3 的电子邮件客户端 |
| SMTP 服务 | SMTP 服务是使用 SMTP 将电子邮件从发件人路由传送到收件人的电子邮件传输系统。<br>POP3 服务使用 SMTP 服务作为电子邮件传输系统。用户在 POP3 电子邮件客户端撰写电子邮件。然后，当用户通过 Internet 或网络连接来连接邮件服务器时，SMTP 服务将提取出电子邮件，并通过 Internet 将其传送到收件人的邮件服务器中 |
| POP3 服务 | POP3 服务是使用 POP3 将电子邮件从邮件服务器上下载到用户本地计算机上的电子邮件检索系统。<br>用户电子邮件客户端和电子邮件服务器之间的连接，是由 POP3 控制的 |

2.电子邮件系统的工作原理

　　下面以图11-2所示的案例为背景，具体说明电子邮件系统的工作原理。

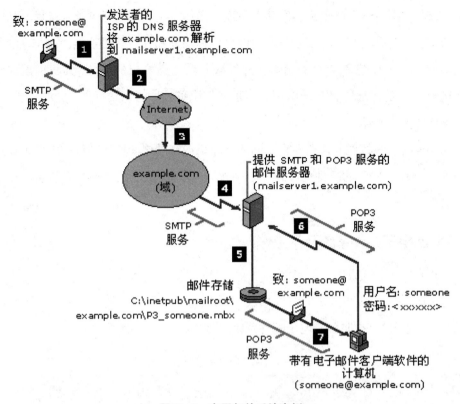

图11-2　电子邮件系统案例

（1）用户通过电子邮件客户端将电子邮件发送到 someone@example.com。

（2）SMTP 服务提取该电子邮件，并通过域名 example.com 获知该域的邮件服务器域名为 mailserver1.example.com，然后将该邮件发送到 Internet，目标地址为 mailserver1.example.com。

（3）电子邮件发送给 mailserver1.example.com 邮件服务器，该服务器是运行 POP3 服务的邮件服务器。

（4）someone@example.com 的电子邮件由 mailserver1.example.com 邮件服务器接收。

（5）mailserver1.example.com 将邮件转到邮件存储目录，每个用户有一个专门的存储目录。

（6）用户 someone 连接到运行 POP3 服务的邮件服务器，POP3 服务会验证用户 someone 的用户名和密码验证凭据，然后决定接受或拒绝该连接。

（7）如果连接成功，用户 someone 所有的电子邮件将从邮件服务器下载到该用户的本地计算机上。

## 11.3 Postfix

Postfix 是一个功能强大但易于配置的邮件服务器。Postfix 由 Postfix RPM 软件包提供。它是一个由多个合作程序组成的模块化程序，每个小模块完成特定的功能，使管理员可以灵活组合这些模块。大多数的 Postfix 进程由一个进程统一进行管理，该进程负责在需要的时候调用其他进程，这个管理进程就是 master 进程。

1. Postfix 的邮件队列

Postfix 有 4 种不同的邮件队列，并且由队列管理进程统一进行管理。

（1）maildrop：本地邮件放置在 maildrop 中，同时被拷贝到 incoming 中。

（2）incoming：存放正在到达队列或管理进程尚未发现的邮件。

（3）active：存放队列管理进程已经打开并准备投递的邮件，该队列有长度限制。

（4）deferred：存放不能被投递的邮件，可能是推迟发送的邮件。

队列管理进程仅在内存中保留 active 队列，并且对该队列的长度进行限制，这样做的目的是避免进程运行内存超过系统的可用内存。

Postfix 对邮件风暴的处理：当有新的邮件到达时，Postfix 进行初始化，初始化时 Postfix 只同时接受两个并发的连接请求。当邮件投递成功后，可以同时接受的并发连接数就会缓慢地增长至一个可以配置的值。当然，如果这时系统的消耗已到达系统不能承受的负载时就会停止增长。还有一种情况，如果 Postfix 在处理邮件的过程中遇到了问题，该值会降低。

当接收的新邮件的数量超过 Postfix 的投递能力时，Postfix 会暂时停止投递 deferred 队列中的邮件而去处理新接收的邮件。这是因为处理新邮件的延迟要小于处理 deferred 队列中邮件的延迟。Postfix 会在空闲的时间处理 deferred 队列中的邮件。

Postfix 对无法投递的邮件的处理：当一封邮件第一次不能成功投递时，Postfix 会给该邮件贴上一个将来的时间邮票。邮件队列管理进程会忽略贴有将来时间邮票的邮件。时间邮票到期时，Postfix 会尝试再对该邮件进行一次投递，如果投递再次失败，Postfix 就给该邮件贴上一个上次时间邮票的两倍时间的时间邮票，等时间邮票到期时再次进行投递，依此类推。当然，经过一定次数的尝试之后，Postfix 会放弃对该邮件的投递，返回一个错误信息给该邮件的发件人。

Postfix 对不可到达的目的地邮件的处理：Postfix 会在内存中保存一个有长度限制的当前不可到达的地址列表。这样就避免了对那些目的地为当前不可到达地址的邮件的投递尝试，从而大大提高了系统的性能。

**2. Postfix 的安全性**

Postfix 通过一系列的措施来提高系统的安全性，这些措施包括以下几项：

（1）动态分配内存，从而防止系统缓冲区溢出。

（2）把大邮件分割成几块进行处理，投递时再重组。

（3）Postfix 的各种进程不在其他用户进程的控制之下运行，而是运行在驻留主进程 master 的控制之下，与其他用户进程无父子关系，所以有很好的绝缘性。

（4）Postfix 的队列文件有其特殊的格式，只能被 Postfix 本身识别。

## 11.4 Dovecot

Dovecot 是一个开源的 IMAP 和 POP3 邮件服务器，支持 Linux/UNIX。

POP3/IMAP 是 MUA 从邮件服务器中读取邮件时使用的协议。其中，POP3 是从邮件服务器中下载邮件，而 IMAP 则是将邮件留在服务器上直接对邮件进行管理和操作。

Dovecot 使用 PAM 方式（Pluggable Authentication Module，可插拔认证模块）进行身份认证，以便识别并验证系统用户，通过认证的用户才允许从邮箱中收取邮件。对于以 RPM 方式安装的 Dovecot，会自动建立该 PAM 文件。统信 UOS 自带 Dovecot 软件，可通过 apt 命令进行安装。

## 11.5 Postfix 服务常用文件及参数解析

Postfix 服务主要包括 4 个基本的配置文件，mail.cf 为 Postfix 主要的配置文件，install.cf 文件包含安装过程中安装程序产生的 Postfix 初始化设置信息，master.cf 文件是 Postfix 的 master 进程的配置文件，该文件中的每行都是用来配置 Postfix 的组件进程的运行方式。Postfix-script 文件内包含了【Postfix】命令，以便在 Linux 环境中安全地执行这些【Postfix】命令。

配置文件 /etc/postfix/main.cf 中配置的格式为等号连接参数和参数的值，如 myhostname = mail.Jan16.cn，修改文件后，需要重新读取配置。/etc/postfix/main.cf 文件内常见参数及解析如表 11-2 所示。

表 11-2　/etc/postfix/main.cf 文件内常见参数及其解析

| 常见参数 | 解析 |
| --- | --- |
| myorigin | 指定发件人所属域名 |
| mydestination | 指定收件人所属的域名，默认使用本地主机名 |

续表

| 常见参数 | 解析 |
| --- | --- |
| notify_classes | 指定向Postfix管理员报告错误时的信息级别，默认值为resource和software。resource：将由于资源错误而不可投递的错误信息发送给Postfix管理员。software：将由于软件错误而导致不可投递的错误信息发送给Postfix管理员 |
| myhostname | 指定运行Postfix邮件系统的主机的主机名 |
| mydomain | 指定本机邮件服务器的域名 |
| mynetworks | 指定本机所在的网络的网络地址，Postfix服务根据该值来区别用户是远程用户还是本地用户 |
| inet_interfaces | 指定Postfix服务监听的网络接口，默认监听所有端口 |
| home_mailbox = Maildir/ | 指定用户邮箱目录 |
| relay_domains | 设置邮件转发的地址 |
| data_directory = /var/lib/postfix | 存放缓存的位置 |
| queue_directory= /var/spool/postfix | 本地邮箱队列路径 |

## 11.6　Dovecot服务常用文件及参数解析

1. Dovecot主配置文件 /etc/dovecot/dovecot.conf

Dovecot主配置文件的常见参数及其解析如表11-3所示。

表11-3　Dovecot主配置文件的常见参数及其解析

| 常见参数 | 解析 |
| --- | --- |
| listen | 监听的网段或主机地址，"*"代表监听IPv4地址，"::"代表监听IPv6地址 |
| protocols | 支持的协议类型 |
| base_dir | 默认存储数据的目录位置 |
| instance_name | 实例的名称 |
| login_greeting | 用户登录提示的问候语 |
| login_trusted_networks | 允许的网络范围，不同网段之间用逗号进行分隔 |
| shutdown_clients | 当Dovecot主进程关闭时，是否终止所有进程 |
| !include conf.d/*.conf | conf.d下所有以conf结尾的文件均有效 |

2.认证配置文件 /etc/dovecot/conf.d/10-auth.conf

认证配置文件的常见参数及其解析如表11–4所示。

表11–4　认证配置文件的常见参数及其解析

| 常见参数 | 解析 |
| --- | --- |
| disable_plaintext_auth | 是否禁止明文传输，默认值为YES，代表启用密文传输 |
| auth_cache_size | 身份验证缓存大小，默认值为0，代表禁用该功能 |
| auth_cache_ttl | 验证缓存的存活时间，默认时长为1小时 |
| auth_username_translation | 将验证的用户名称进行转义 |
| auth_anonymous_username | 设置匿名访问用户的名称，默认值为anonymous |
| auth_worker_max_count | 设置最大的工作连接数，默认值为30 |
| auth_mechanisms | 默认的认证机制，默认值为仅使用plain机制 |

3.邮箱配置文件 /etc/dovecot/conf.d/10-mail.conf

邮箱配置文件的常见参数及其解析如表11–5 所示。

表11–5　邮箱配置文件的常见参数及其解析

| 常见参数 | 解析 |
| --- | --- |
| mail_location | 指定邮件存放的位置 |
| inbox | 是否只能拥有一个收件箱 |
| first_valid_uid | 首个有效的UID |
| first_valid_gid | 首个有效的GID |
| mail_plugins | 指定邮件服务的插件列表 |

4. master 组件配置文件 /etc/dovecot/conf.d/10-master.conf

master组件配置文件格式如下：

```
配置项 {
参数：值
参数：值
}
```

5. Dovecot 中的全局变量名称及描述如表11–6 所示。

表11–6　Dovecot中的全局变量名称及描述

| 变量名称 | 描述 |
| --- | --- |
| env: <名称> | 环境变量<名称> |

续表

| 变量名称 | 描述 |
| --- | --- |
| uid | 当前进程的有效UID，注意：对于邮件服务用户使用变量，当前配置会被覆盖 |
| gid | 当前进程的有效gid，注意：对于邮件服务用户使用变量，当前配置会被覆盖 |
| pid | 当前进程的PID（如登录连接邮件服务器或IMAP / POP3进程） |
| 主机名 | 主机名（无域）。可以用dovecot_hostname环境变量覆盖 |

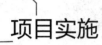

## 项目实施

### 任务 11-1　部署及配置 Postfix 电子邮件服务

**任务规划**

根据公司电子邮件服务拓扑规划，在公司邮件服务器上部署统信 UOS 的 Postfix 服务，实现邮件服务的部署。

使用统信 UOS 的 Postfix 服务部署公司邮件服务，具体实现步骤如下。

（1）在邮件服务器上安装 Postfix 服务。

（2）配置邮件服务器，并创建用户。

（3）修改域名解析。

**任务实施**

（1）设置本机的主机名为 mail.Jan16.cn：

```
root@mail:~# hostnamectl set-hostname mail.Jan16.cn
root@mail:~# bash
root@mail:~# hostname
mail.Jan16.cn
```

（2）修改 /etc/hosts 文件，使用本地的方式解析域名，代码如下：

```
root@mail:~# vim /etc/hosts
127.0.0.1      localhost
192.168.1.1    mail.Jan16.cn
```

（3）安装 Postfix 服务，使用【apt】命令对包下载、安装。同时使用【apt search】命令验证系统上是否有其他 MTA 服务在运行，如 sendmail，如果有需要卸载，否则会影响 Postfix 服务正常运行，代码如下：

```
root@mail:~# apt search sendmail |grep ' 已安装 '
root@mail:~# apt -y install postfix
```

选择邮件服务器的配置类型为【Internet Site】，如图11-3所示。

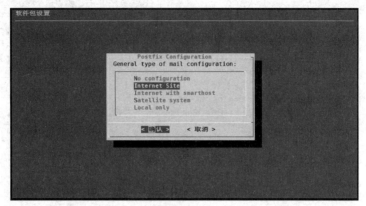

图11-3　邮件服务器配置类型

域名填写，单击【确认】按钮，如图11-4所示。

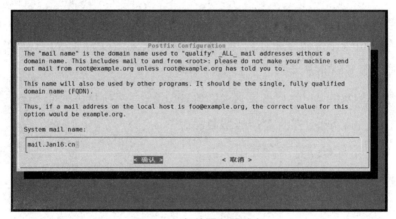

图11-4　邮件服务器域名

（4）启动Postfix服务，并设置服务为开机自动启动，检查Postfix服务状态，代码如下：

```
root@mail:~# systemctl start postfix
root@mail:~# systemctl enable postfix
root@mail:~# systemctl status postfix
● postfix.service - Postfix Mail Transport Agent
   Loaded: loaded (/lib/systemd/system/postfix.service; enabled; vendor preset: enabled)
   Active: active (exited) since Tue 2021-08-17 11:31:42 CST; 10s ago
Main PID: 5784 (code=exited, status=0/SUCCESS)
   Tasks: 0 (limit: 2292)
  Memory: 0B
  CGroup: /system.slice/postfix.service
【…省略以下部分输出…】
…–
```

（5）安装mailx服务，使用【apt】命令对包下载、安装，代码如下：

```
root@mail:~# apt -y install bsd-mailx
```

（6）修改Postfix邮件服务器的主配置文件main.cf，修改对应的主机名和域名，监听任意端口和协议，允许的网段为127.0.0.0/8和192.168.1.0/24，设置邮件存放目录。

```
root@mail:~# vim /etc/postfix/main.cf
myhostname = mail.Jan16.cn
myorigin = /etc/mailname
inet_interfaces = all
inet_protocols = all
#mydestination = $myhostname, mail.Jan16.cn, localhost.Jan16.cn, , localhost // 在配置文件内注释该内容
#mailbox_command = procmail -a "$EXTENSION"// 在配置文件内注释该内容
home_mailbox = Maildir/
mynetworks = 192.168.1.0/24 127.0.0.0/8
```

（7）配置完成后，重启Postfix服务，代码如下：

```
root@mail:~# systemctl restart postfix
```

（8）创建测试用户postfixuser，设置用户密码为Jan16@123。

```
root@mail:~# useradd postfixuser
root@mail:~# passwd postfixuser
新的密码：Jan16@123
重新输入新的密码：Jan16@123
passwd：已成功更新密码
```

**任务验证**

使用root用户发送邮件到测试用户postfixuser，邮件内容为【this is test mail】。

（1）安装Telnet服务，使用【apt】命令对包下载、安装，代码如下：

```
root@mail:~# apt -y install telnet
```

（2）Telnet到本地的25端口。输出的结果与Postfix邮件服务器的连接正常，代码如下：

```
root@mail:~# telnet localhost 25
Trying ::1...
Connected to localhost.
Escape character is '^]'.
220 mail.Jan16.cn ESMTP Postfix (Uos)
```

（3）输入命令【ehlo localhost】，【ehlo】命令申明需要对自己进行身份验证。代码如下：

```
ehlo localhost
250-mail.Jan16.cn
250-PIPELINING
250-SIZE 10240000
250-VRFY
```

```
250-ETRN
250-STARTTLS
250-ENHANCEDSTATUSCODES
250-8BITMIME
250-DSN
250-SMTPUTF8
250 CHUNKING
```

（4）输入命令【mail from:<root>】，该命令声明邮件来源 email 地址。代码如下：

```
mail from:<root>
250 2.1.0 Ok
```

（5）输入命令【rcpt to:<postfixuser>】，该命令声明邮件目的 email 地址。代码如下：

```
rcpt to:<postfixuser>
250 2.1.5 Ok
```

（6）完成第（5）步的操作后，输入命令【data】就会自动进入邮件内容的编写，邮件使用"."表示邮件主体的结束。编写邮件的内容【This is test mail】。使用【quit】命令退出，代码如下：

```
data
354 End data with <CR><LF>.<CR><LF>
This is test mail
.

250 2.0.0 Ok: queued as B8FD540303A0
quit
221 2.0.0 Bye
Connection closed by foreign host.
```

（7）完成邮件的编写和发送后，查看日志文件，邮件服务器的日志文件目录为/var/log/mail.log，代码如下：

```
root@mail:~# tail -f /var/log/mail.log
 Aug 17 11:37:53 mail postfix/cleanup[10981]: warning: /etc/postfix/main.cf, line 49: overriding earlier entry:
myhostname=mail.Jan16.cn
 Aug 17 11:37:53 mail postfix/cleanup[10981]: warning: /etc/postfix/main.cf, line 51: overriding earlier entry: myorigin=/etc/
mailname
 Aug 17 11:37:53 mail postfix/smtpd[10950]: B8FD540303A0: client=localhost[::1]
 Aug 17 11:38:06 mail postfix/cleanup[10981]: B8FD540303A0: message-id=<20210817033753.B8FD540303A0@mail.Jan16.cn>
 Aug 17 11:38:06 mail postfix/qmgr[10364]: B8FD540303A0: from=<root@Jan16.cn>, size=308, nrcpt=1 (queue active)
 Aug 17 11:38:06 mail postfix/local[10987]: warning: /etc/postfix/main.cf, line 49: overriding earlier entry: myhostname=mail.
Jan16.cn
 Aug 17 11:38:06 mail postfix/local[10987]: warning: /etc/postfix/main.cf, line 51: overriding earlier entry: myorigin=/etc/
mailname
 Aug 17 11:38:07 mail postfix/local[10987]: B8FD540303A0: to=<postfixuser@Jan16.cn>, orig_to=<postfixuser>, relay=local,
delay=20, delays=19/0.01/0/1, dsn=2.0.0, status=sent (delivered to command: procmail -a "$EXTENSION")// 邮件传输的源地
址和目的地址
 Aug 17 11:38:07 mail postfix/qmgr[10364]: B8FD540303A0: removed
 Aug 17 11:38:10 mail postfix/smtpd[10950]: disconnect from localhost[::1] ehlo=1 mail=1 rcpt=1 data=1 quit=1 commands=5
// 断开与邮件服务器的连接
```

（8）使用【cd】命令切换到postfixuser的家目录，Postfix自动创建了/maildir目录，使用【cat】命令即可查看邮件的内容，代码如下：

```
root@mail:~# cd /home/postfixuser/
root@mail:/home/postfixuser# cat Maildir/new/1639897458.V806I14b97M86579.mail.Jan16.cn
Return-Path: <root@mail.Jan16.cn>
X-Original-To: postfixuser
Delivered-To: postfixuser@mail.Jan16.cn
Received: from localhost (localhost [IPv6:::1])
        by mail.Jan16.cn (Postfix) with ESMTP id 1769D201645B
        for <postfixuser>; Sun, 19 Dec 2021 15:04:05 +0800 (CST)
Message-Id: <20211219070410.1769D201645B@mail.Jan16.cn>
Date: Sun, 19 Dec 2021 15:04:05 +0800 (CST)
From: root@mail.Jan16.cn

This is test mail
```

## 任务 11-2　部署及配置 Dovecot 邮件服务器

### 任务规划

根据公司邮件服务网络拓扑规划，在公司邮件服务器上部署Postfix+Dovecot服务，实现邮件服务的部署。

Dovecot作为一个开源的 IMAP 和 POP3 邮件服务器，部署它需要通过以下步骤来实现。

（1）在邮件服务器上安装Postfix软件。

（2）在邮件服务器上配置邮件服务器，并创建用户。

（3）在邮件服务器上安装Dovecot服务。

（4）修改Dovecot配置文件。

### 任务实施

（1）使用【apt】命令安装Dovecot服务，代码如下：

```
root@mail:~# apt -y install dovecot-pop3d
```

（2）对Dovecot服务的配置文件进行修改，代码如下：

```
root@mail:~# vim /etc/dovecot/dovecot.conf
listen = *
```

listen = * 表示监听已连接的IP地址，*表示所有的IPv4地址，listen=[::]表示所有的IPv6地址。

（3）修改 Dovecot 服务的认证方式，代码如下：

```
root@mail:~# vim /etc/dovecot/conf.d/10-auth.conf
disable_plaintext_auth = no # 允许明文密码验证，不然账户连接不上
auth_mechanisms = plain login # 自身认证
```

（4）修改邮件的存储路径，代码如下：

```
root@mail:~# vim /etc/dovecot/conf.d/10-mail.conf
mail_location = maildir:~/Maildir # 用户的邮件目录位置，这里使用 maildir 方式存储
```

（5）添加 Postfix 的 SMTP 验证，代码如下：

```
root@mail:~# vim /etc/dovecot/conf.d/10-master.conf
unix_listener /var/spool/postfix/private/auth {
  mode = 0666
  user = postfix
  group = postfix
}
```

（6）修改好配置文件后，重启 Dovecot 服务，设置服务为开机自动启动，查看服务状态，代码如下：

```
root@mail:~# systemctl start dovecot
root@mail:~# systemctl enable dovecot.service
root@mail:~# systemctl status dovecot
● dovecot.service - Dovecot IMAP/POP3 email server
  Loaded: loaded (/lib/systemd/system/dovecot.service; enabled; vendor preset: enabled)
  Active: active (running) since Tue 2021-08-17 15:03:35 CST; 5min ago
  Docs: man:dovecot(1)
        http://wiki2.dovecot.org/
...
【...省略以下输出...】
```

（7）查看 Dovecot 服务监听的端口，代码如下：

```
root@mail:~# ss -lntp | grep dovecot
LISTEN    0    100    0.0.0.0:995    0.0.0.0:*    users:(("dovecot",pid=18039,fd=23))
LISTEN    0    100    0.0.0.0:110    0.0.0.0:*    users:(("dovecot",pid=18039,fd=21))
LISTEN    0    100    [::]:995       [::]:*       users:(("dovecot",pid=18039,fd=24))
LISTEN    0    100    [::]:110       [::]:*       users:(("dovecot",pid=18039,fd=22))
```

**任务验证**

使用【telnet】命令连接 Dovecot 邮件服务器的 110 端口，输入 POP3 操作命令，以 postfixuser 用户的身份查看邮件内容，代码如下：

```
root@mail:~# telnet mail.Jan16.cn 110 # 域名
Trying 192.168.1.1...
Connected to mail.Jan16.cn.
Escape character is '^]'.
+OK Dovecot ready.
user postfixuser # 指定用户名
```

```
+OK
pass Jan16@123 # 指定密码
+OK Logged in.
List # 查看邮件列表
+OK 1 messages:
1 402
.
retr 1 # 查看第一封邮件 下面为邮件的详细信息、来自哪里去哪里、邮件的内容
+OK 402 octets
Return-Path: <root@Jan16.cn>
X-Original-To: postfixuser
Delivered-To: postfixuser@Jan16.cn
Received: from localhost (localhost [IPv6:::1])
        by mail.Jan16.cn (Postfix) with ESMTP id 4B90940303AE
        for <postfixuser>; Tue, 17 Aug 2021 15:31:35 +0800 (CST)
Message-Id: <20210817073143.4B90940303AE@mail.Jan16.cn>
Date: Tue, 17 Aug 2021 15:31:35 +0800 (CST)
From: root@Jan16.cn

This is test mail
.
quit # 退出
+OK Logging out.
Connection closed by foreign host.
```

该邮件服务器已经具备了通信功能、POP3 和 IMAP 的收信功能，邮件服务器搭建完成。

# 练习与实训

## 一、理论习题

1. 以下哪项不是电子邮件系统的组件？（　　）

　　A. POP3 电子邮件客户端　　　　　　B. POP3 服务

　　C. SMTP 服务　　　　　　　　　　　D. FTP 服务

2. （　　）把邮件消息从发信人的邮件服务器传送到收信人的邮件服务器。

　　A. SMTP　　　　　B. POP3　　　　　C. DNS　　　　　D. FTP

3. SMTP 服务的端口号是（　　）。

　　A. 20　　　　　　B. 25　　　　　　C. 22　　　　　　D. 21

4. POP3 服务的端口号是（　　）。

    A. 120　　　　　　B. 25　　　　　　C. 110　　　　　　D. 21

5. 以下哪个是邮件服务器软件？（　　）

    A. WinWebMail　B. FTP　　　　　C. DNS　　　　　D. DHCP

## 二、项目实训题

### 1. 项目背景与需求

Jan16 公司为在与客户沟通时能统一使用公司的邮件地址，近期采购了一套邮件服务器软件 WinWebMail，邮件服务网络拓扑如图 11-5 所示。

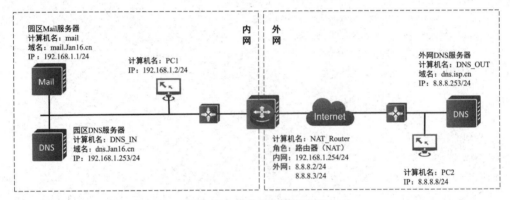

图11-5　邮件服务网络拓扑

公司希望网络管理员尽快完成公司邮件服务的部署，具体需求如下。

（1）邮件服务器使用 WinWebMail 软件部署，需满足客户通过 Microsoft Outlook Express 和浏览器进行访问的需求。

（2）公司路由器需要将邮件服务器映射到公网，映射信息如表 11-7 所示。

表11-7　NAT需求映射表

| 源IP地址:端口号 | 公网IP:端口号 |
| --- | --- |
| 192.168.1.1:25 | 8.8.8.2:25 |
| 192.168.1.1:110 | 8.8.8.2:110 |

（3）内网 DNS 服务器负责解析 Jan16 公司内部计算机域名和公网域名的解析，管理员需要完成邮件服务器和 DNS 服务器域名的注册。

（4）公网 DNS 服务器负责解析公网域名的解析，在本项目中仅需要实现公网域名 dns.isp.cn 和 Jan16 公司邮件服务器的解析，管理员需要按项目需求完成相关域名的注册。

2. 项目实施要求

（1）根据项目拓扑背景，完成表11-8至表11-12。

表11-8　园区Mail服务器的IP信息规划表

| 名称 | IP信息 |
| --- | --- |
| 计算机名 | |
| IP地址/子网掩码 | |
| 网关 | |
| DNS | |

表11-9　园区DNS服务器的IP信息规划表

| 名称 | IP信息 |
| --- | --- |
| 计算机名 | |
| IP地址/子网掩码 | |
| 网关 | |
| DNS | |

表11-10　内网PC1的IP信息规划表

| 名称 | IP信息 |
| --- | --- |
| 计算机名 | |
| IP地址/子网掩码 | |
| 网关 | |
| DNS | |

表11-11　外网DNS服务器的IP信息规划表

| 名称 | IP信息 |
| --- | --- |
| 计算机名 | |
| IP地址/子网掩码 | |
| 网关 | |
| DNS | |

表11-12　外网PC2的IP信息规划表

| 名称 | IP信息 |
| --- | --- |
| 计算机名 | |
| IP地址/子网掩码 | |
| 网关 | |
| DNS | |

（2）根据项目规划要求，完成计算机之间的互联互通，并截取验证结果截图。

①在PC1的CMD对话框中执行【ping dns.jan16.cn】命令的截图。

②在PC1的CMD对话框中执行【ping mail.jan16.cn】命令的截图。

③在PC2的CMD对话框中执行【ping mail.jan16.cn】命令的截图。

（3）在邮件服务器中创建两个账户jack和tom，并截取验证结果截图。

①在PC1的IE浏览器上用jack用户登录Jan16的邮件服务器地址，并发送一封邮件给tom，邮件主题和内容均为"班级+学号+姓名"，截取发送成功后的页面截图。

②在PC2上使用Microsoft Outlook Express登录tom的邮箱账户，收取邮件后，回复一封邮件给jack，内容为"邮件服务测试成功"。

（4）在NAT服务器的外网接口上查看地址映射，并截取映射结果截图。

# 项目 12

## 部署 UOS 服务器防火墙

扫一扫，
看微课

# 学习目标

（1）掌握统信 UOS 服务器在网关/路由上的应用场景。

（2）掌握数据流量过滤型防火墙的工作原理与配置。

（3）理解企业生产环境下统信 UOS 服务器在部署防火墙时的基本规范。

# 项目描述

Jan16 公司最近上线一台统信 UOS 服务器，规划将这台服务器作为公司网络入口的路由器。路由器作为内外网交会点，容易遭到外网甚至是内网的攻击，造成网络瘫痪、业务停滞等后果。因此，Jan16 公司规划在服务器上部署路由服务，从而为 Jan16 公司内外网连通提供基础，同时启用防火墙防护功能对内外网的流量进行过滤，按需开放访问，提高公司网络的安全性。根据调研，目前公司网络访问主要需求如下：

（1）公司向运营商申请了 1 个公网 IP 地址 202.96.128.201/28，公司内部网络可以通过路由器 NAT 转换为公网地址后访问外部网络。

（2）公司内部服务器（如 Web 服务器），可以被内部网络访问。

公司网络拓扑如图 12-1 所示。

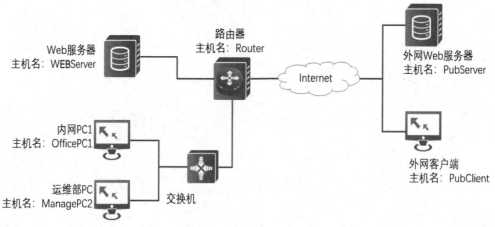

图12-1 公司网络拓扑

网络拓扑中各设备配置信息如表 12-1 所示。

表12-1　设备配置信息表

| 设备名 | 角色 | 主机名 | 接口 | IP地址 | 网关地址 |
|---|---|---|---|---|---|
| JX3270 | 路由器 | Router | ens33 | 202.96.128.201/28 | |
| | | | ens37 | 172.16.100.254/24 | |
| | | | ens38 | 192.168.1.254/24 | |
| JX3271 | Web服务器 | WEBServer | ens33 | 172.16.100.201/24 | 172.16.100.254 |
| JX5361 | 内网PC1 | OfficePC1 | ens33 | 192.168.1.201/24 | 192.168.1.254 |
| JX5362 | 运维部PC | ManagePC2 | ens33 | 192.168.1.202/24 | 192.168.1.254 |
| PS3320 | 外网Web服务器 | PubServer | ens33 | 202.96.128.202/28 | |
| PC5360 | 外网客户端 | PubClient | ens33 | 202.96.128.203/28 | |

# 项目分析

根据公司网络访问需求和网络拓扑,网络管理员需要在Router路由器上配置防火墙规则,用于过滤内外网数据流量,控制数据流量的转发,需要实现以下几点。

(1)实现公司内部网络的正常连通。

(2)在Router路由器ens33接口的出方向实现内部网络的流量NAT地址转换。

(3)在Web服务器的入方向实现允许内部服务器访问。

为了项目顺利实施,网络管理员规划了表12-2。

表12-2　服务器接口对应区域规划

| 设备名 | 主机名 | 接口 | 接口用途 |
|---|---|---|---|
| JX3270 | Router | ens33 | 连接外网 |
| | | ens37 | 连接内部服务器 |
| | | ens38 | 连接内部网络 |

综上所述,在本项目中主要有以下几项任务。

(1)配置NAT地址转换,实现公司内外网连通。

(2)配置防火墙规则,实现内网流量的访问控制。

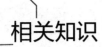

# 相关知识

## 12.1 防火墙

按功能逻辑分类，防火墙可以分为主机防火墙和网络防火墙。

- 主机防火墙：针对本地主机接收或发送的数据包进行过滤（操作对象为个体）。
- 网络防火墙：处于网络边缘，针对网络入口的数据包进行转发和过滤（操作对象为整体）。

按物理形式分类，防火墙可以分为硬件防火墙和软件防火墙。

- 硬件防火墙：专有的硬件防火墙设备，如 Cisco 硬件防火墙功能强大、性能稳定，但成本较高。
- 软件防火墙：通过系统软件实现防火墙的功能，如 Linux 内核集成的数据包处理模块实现防火墙功能，定制自由度高，性能受服务器硬件和系统影响，部署成本较低。

## 12.2 Netfilter

Netfilter 是 Linux 内核中的一个软件框架，用于管理网络数据包。不仅具备网络地址转换（NAT）的功能，也具备数据包内容修改及数据包过滤等防火墙功能。利用运行于用户空间的应用软件，如 iptables、ebtables 和 arptables 等来控制 Netfilter，系统管理员就可以管理各种网络数据包。

## 12.3 iptables

这里指 iptables 及其家族（iptables、ip6tables、arptables、ebtables、and ipset），即操作 Netfilter 的用户空间软件。

## 12.4 Firewalld

Firewalld 位于前端，iptables 或 nftables 运行在后端；iptables 或 nftables 操作 Netfilter。较早版本的 Firewalld 使用 iptables 作为后端，新版本的 Firewalld 使用 nftables 作为后端。

当前 Firewalld 通过 NFT 程序直接与 nftables 交互，在将来的发行版中，将通过使用新创建的 libnftables 进一步改善与 nftables 的交互。Firewalld 工作流程框架如图 12-2 所示。

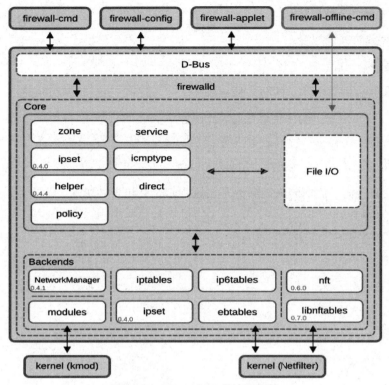

图12-2　Firewalld工作流程框架

## 12.5 Uncomplicated Firewall

UFW（Uncomplicated Firewall），是为量化配置iptables而开发的一款工具。UFW提供了一个非常友好的界面，用于创建基于IPv4、IPv6的防火墙规则。

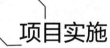

## 项目实施

### 任务 12-1　配置 NAT 地址转换

**任务规划**

根据规划，网络管理员需要在Router路由器上配置防火墙，利用NAT地址转换技术实现内网客户端正常访问外网。本任务实现步骤如下。

（1）启用服务器防火墙服务。

（2）修改ufw配置文件。

（3）配置 NAT 地址转换。

（4）重载防火墙配置。

**任务实施**

1．安装并启用路由器上的防火墙服务

（1）安装路由器上的防火墙服务，代码如下：

```
root@Router:~# apt -y install ufw
```

（2）由于路由器初始化时已经将防火墙服务关闭并且设置为默认不开启开机自动启动，因此首先需要启用防火墙服务并设置为默认开机自动启动，代码如下：

```
root@Router:~# ufw enable
Firewall is active and enabled on system startup
root@Router:~# ufw status
Status: active
[root@Router ~]# systemctl enable ufw
```

2．修改 ufw 配置文件

（1）修改 ufw 配置文件，允许接收转发的包，代码如下：

```
root@Router:~# vim /etc/default/ufw
DEFAULT_FORWARD_POLICY="ACCEPT"
```

（2）修改 sysctl.conf 启用内核转发（取消注释），代码如下：

```
root@Router:~# vim /etc/ufw/sysctl.conf
net/ipv4/ip_forward=1
```

3．配置 NAT 地址转换

修改 before.rules 文件，在末尾添加相应的 nat 配置，代码如下：

```
root@Router:~# vim /etc/ufw/before.rules
*nat
:POSTROUTING ACCEPT [0:0]
-A POSTROUTING -s 192.168.1.0/24 -o ens33 -j SNAT --to-source 202.96.128.201
COMMIT
```

4．重载防火墙配置

配置完成后应重载防火墙的配置，代码如下：

```
[root@Router ~]# ufw reload
```

**任务验证**

（1）在内网 PC1 上使用【ping】命令测试内网 PC1 与内网 Web 服务器之间的网络连通性，发现可以 ping 通，代码如下：

```
root@OfficePC1:~# ping -c 3 172.16.100.201
PING 172.16.100.201 (172.16.100.201) 56(84) bytes of data.
64 bytes from 172.16.100.201: icmp_seq=1 ttl=63 time=0.958 ms
```

```
64 bytes from 172.16.100.201: icmp_seq=2 ttl=63 time=0.884 ms
64 bytes from 172.16.100.201: icmp_seq=3 ttl=63 time=1.04 ms


--- 172.16.100.201 ping statistics ---
3 packets transmitted, 3 received, 0% packet loss, time 35ms
rtt min/avg/max/mdev = 0.884/0.960/1.038/0.062 ms
```

（2）在内网PC1上使用【ping -c 3 202.96.128.202】命令测试内网与外部网络之间的网络连通性，发现可以ping通，代码如下：

```
root@OfficePC1:~# ping -c 3 202.96.128.202
PING 202.96.128.202 (202.96.128.202) 56(84) bytes of data.
64 bytes from 202.96.128.202: icmp_seq=1 ttl=63 time=0.896 ms
64 bytes from 202.96.128.202: icmp_seq=2 ttl=63 time=0.803 ms
64 bytes from 202.96.128.202: icmp_seq=3 ttl=63 time=1.02 ms


--- 202.96.128.202 ping statistics ---
3 packets transmitted, 3 received, 0% packet loss, time 33ms
rtt min/avg/max/mdev = 0.803/0.905/1.017/0.090 ms
```

## 任务 12-2　配置防火墙规则

### 任务规划

在配置完成NAT地址转换后，局域网内的客户端就可访问外网，接下来管理员需要按照局域网内的访问限制要求配置防火墙规则。本任务需要分解为以下具体任务。

（1）Web服务器只允许被运维部PC进行SSH远程登录。

（2）内网PC1以及运维部PC均能访问Web网站。

### 任务实施

1.Web服务器只允许运维部PC进行SSH远程登录。

Web服务器仅允许192.168.1.202进行SSH远程登录，其他主机禁止连接。

```
root@WEBServer:~# ufw allow from 192.168.1.202 to 172.16.100.201 port 22
Rules added
```

2.内网PC1及运维部PC均能访问Web网站的80端口，代码如下：

```
root@WEBServer:~# ufw allow from 192.168.1.0/24 to 172.16.100.201 port 80
Rule added
```

### 任务验证

（1）通过【ufw status】命令查看已配置的策略，代码如下：

```
root@WEBServer:~# ufw status
Status: active
To                      Action          From
```

| -- | ------ | ---- |
| 172.16.100.201 22 | ALLOW | 192.168.1.202 |
| 172.16.100.201 80 | ALLOW | 192.168.1.0/24 |

（2）在内网PC1上通过【curl 172.16.100.201】能成功地访问WEBServer的HTTP服务，代码如下：

```
root@OfficePC1:~# curl 172.16.100.201
Jan16
```

（3）在运维部PC上通过【curl 172.16.100.201】能成功地访问WEBServer的HTTP服务，代码如下：

```
root@ManagePC2:~# curl 172.16.100.201
Jan16
```

（4）在内网PC1上使用【ssh 172.16.100.201】命令可以远程登录访问Web服务器，而内网其他客户端无法进行远程SSH登录，代码如下：

```
root@OfficePC1:~# ssh 172.16.100.201
ssh: connect to host 172.16.100.201 port 22: Connection timed out root@ManagePC:~# ssh 172.16.100.201
root@172.16.100.201's password:
请输入密码
验证成功
```

# 练习与实训

## 一、理论习题

（1）简述防火墙的分类及作用。

（2）阐述iptables与ufw的区别与联系。

（3）哪些客户端工具可以配置ufw防火墙规则？

（4）允许访问服务器的HTTP服务的ufw防火墙规则有几种写法可以实现？

## 二、项目实训题

通过配置Router01和Router02上的ufw防火墙，使用PubClient能访问WEBServer上的HTTP服务。Jan16公司设备信息如表12-3所示，Jan16公司网络拓扑如图 12-3所示。

**表12-3　Jan16公司设备信息**

| 设备名 | 主机名 | 网络地址 | 角色 |
|--------|--------|----------|------|
| JX3270 | Router01 | ens33 IP:202.96.128.201/28<br>ens37 IP:172.16.100.254/24 | 防火墙 |
| JX3271 | WEBServer | ens33 IP:172.16.100.201/24<br>ens33 GATEWAY:172.16.100.254 | Web服务器 |
| JX3272 | Router02 | ens33 IP:202.96.128.202/28<br>ens37 IP：192.168.1.254/24 | 网关 |
| PC5360 | PubClient | ens33 IP:192.168.1.201/24<br>ens33 GATEWAY:192.168.1.254 | 外网客户端 |

Web服务器　　　路由器　　　　　　　　　　　　路由器　　　外网客户端
主机名：WEBServer　主机名：Router02　　　　主机名：Router01　主机名：PubClient

**图12-3　Jan16公司网络拓扑**

要求如下。

1. PubClient能通过NAT地址转换的方式访问WEBServer，并截取验证结果截图。

2. 在Router02上使用防火墙技术将所有从外网访问自身80端口的流量转发至WEBServer，并截取验证结果截图。

3. 设置WEBServer不能访问外网，并截取验证结果截图。